华北油田潜山地热资源研究与综合开发利用

李海涛　李金永　张桂迎　范书军　编著

U0322573

石油工业出版社

内 容 提 要

本书内容立足于华北油田潜山地热研究成果及现场先导试验基础上,主要介绍了华北油田潜山地热资源研究与综合开发利用的方式、方法、工艺技术等内容,并对温度较高的潜山油井产出液进行地热能"热、电、油"综合利用进行了详细论述。

本书可供从事油气田勘探开发、地热资源开发的科技人员、技术人员及相关院校师生参考阅读。

图书在版编目(CIP)数据

华北油田潜山地热资源研究与综合开发利用/李海涛等编著.
北京:石油工业出版社,2016.1
ISBN 978 – 7 – 5183 – 1024 – 1

Ⅰ. 华…

Ⅱ. 李…

Ⅲ. 地热能 – 资源开发 – 研究 – 华北地区

Ⅳ. P314

中国版本图书馆 CIP 数据核字(2015)第 307212 号

出版发行:石油工业出版社
　　　　(北京安定门外安华里 2 区 1 号　　100011)
　　　　网　　址:www.petropub.com
　　　　编辑部:(010)64523541　　图书营销中心:(010)64523633
经　　销:全国新华书店
印　　刷:北京中石油彩色印刷有限责任公司
2016 年 1 月第 1 版　　2016 年 1 月第 1 次印刷
787×1092 毫米　　开本:1/16　　印张:8
字数:190 千字
定价:58.00 元
(如出现印装质量问题,我社图书营销中心负责调换)

前　言

　　全世界能源消费总量从 1970 年的 83×10^8 t 标准煤,增加到 1995 年的 140×10^8 t 标准煤,增长 68.7% ,预计到 2020 年将达到 195×10^8 t 标准煤,50 年将增长 1.35 倍。随着能源需求量不断扩大,能源危机意识以及能源作为战略资源的重要性日渐突出。同时能源的大量消费带来了一系列的环境问题,森林减少、植被破坏、水土流失、土壤沙化、水体污染,特别是化石能源大量消费产生的温室效应,使全球气候变暖,给人类生存带来了严重威胁。开发利用地热能、风能、生物质能及海洋能等可再生能源是减排温室气体的有效途径,受到了世界各国的重视,目前已成为世界能源界研究和投资的热点。

　　地热能是可再生能源家族中的重要成员,是集热、矿、水于一体的资源,也是一种无污染或极少污染的清洁能源,具有多重效益,优势明显。面对当今石油资源日趋紧张且价格居高不下的现实,地热能源的开发利用越来越受到关注和重视,其在未来能源结构中必将扮演重要角色,充分合理、有效地利用地热是未来能源发展的必然趋势。

　　地热与石油是共存于沉积盆地的两种能源,在含油盆地内油气藏和地热田的形成条件有较多相似之处。在含油气盆地中含油气层往往就是热储层,油气田就是地热田,这种现象十分普遍,油田开采出来的热水就是地热水,在油田开发的同时,对采出液的余热进行开发利用,也就是对地热水进行开发利用(为了叙述方便,将采出水余热地热水简称为地热水)。地热田的开发实际上就是开发热载体地下水资源,与油气开发同属于流体资源开发,勘探开发技术工艺比较接近,石油企业应为我国地热开发做更大的贡献。

　　中国石油积极发展新能源,《中国石油新能源业务"十一五"发展规划》明确提出,要积极开发利用地热资源,实现地热利用年节约或替代 100×10^4 t 标准煤,努力为经济社会发展提供更清洁、更安全、更经济的能源保障。因此,综合利用地热资源,积极开展地热综合利用技术的研究和推广,实现地热能利用的统一规划、有序实施、高效开发和稳健推广,符合中国石油综合性国际能源公司的战略定位。

　　中国石油华北油田公司利用地热具有三个方面的优势:一是地热资源十分丰富;二是在长期的石油勘探中,积累了大量丰富的地热地质信息,有着研究、认识地热资源的基础;三是拥有钻探、开发这一能源的各种优势。因此,利用华北地区的有关地质、钻井、测井及测温等资料及前人研究成果,在华北地区地热资源评价的基础上进行地热能综合利用研究,重点开展留北潜山地热能发电、替代燃油燃气维温、提高潜山油藏开发后期原油采收率研究,为华北油区规模开发利用地热资源提供科学依据,依靠石油行业开发油田地热资源是一条可行的途径。

目 录

CONTENT

第一章　地热资源综合开发利用的背景

　　早在 1904 年,意大利就开始利用地热发电。1928 年冰岛利用地热采暖,其在首都雷克雅未克建成了世界上第一个地热供热系统,现今这一供热系统已发展得非常完善,每小时可从地下抽取 80℃ 的热水 7740t,供全市 11 万居民使用。由于没有高耸的烟囱,冰岛首都被誉为"世界上最清洁无烟的城市"。日本已知温泉 2 万多个,已利用的有 1 万多个,建成了 7 个较大的电站。另外,新西兰、美国、俄罗斯、匈牙利、法国、菲律宾等国也都广泛利用地热资源。

　　意大利地热发电装机容量位居世界第四,其拉德瑞罗地热田为蒸汽型地热田,热储层顶部(一般小于1000m)温度超过250℃,在地热田内最高温度为437℃(3225m),蒸汽过热温度达到500℃。地热田内的瓦儿赛科洛地热电站是意大利最大的地热电站,总装机容量达120MW。

　　日本八丁原地热电站是世界上首次采用二次闪蒸的地热电站,也是日本最大的地热电站。汽轮机用单缸分流冷凝式,一次和二次蒸汽分别进入气缸,抽气器采用一台电动机驱动 4 段弧形增压器的方式。冷却水采用机械通风式冷凝塔。从 1982 年开始,八丁原地热电站与相距 2km 的大岳地热电站实行远距离无人监视运行,两个电站只有 16 个工作人员。十几年来从未发生事故,年运行率平均达到96%,发电成本与日本的火电站接近。

　　俄罗斯穆特洛夫斯克地热电站由 3 口地热生产井产水,通过管道输送至"采汽包",经二级汽水分离系统对地热水进行离析后,纯净的地热蒸汽进入 3 台容量 4MW 的发电机组。汽轮机进气口气压为 0.8MPa(蒸汽温度约170℃)。蒸汽中的不凝结气体和硫化氢由抽气器排出。

　　美国 Wineagle Developers 双流体循环地热电站位于 Susanville 附近的北加利福尼亚州,1985 年投入使用。电站由两部分组成,总发电量为750kW,净发电量为600kW。井深400m,能生产 63L/s、110℃ 的水❶。发电后的液体全部地表排放,发电效率为 8.5%,1t 水发电约 12.5kW·h。

　　美国 Fang 双流体循环地热电站位于泰国国家电力局(EGAT)附近,于 1989 年建立。这是一个单机组的300kW 的电站,拥有一个一次通过式的水冷凝器。电站净发电量随季节变化,在 150~250kW 之间(均值为175kW)。这是一个多用途的工程,除了地热发电之外,这些地热流体还可用于制冷、农作物烘干以及为温泉提供热水。自流井提供约 8.3L/s、116℃ 的水。该井每两周需要一次化学清洁以去除水垢。

---

❶ 热水(或自流)产出后通过管道输送,温度是在一定压力下的管输过程中测量(压力一般不超过 0.1MPa),因此水温会超过100℃。

我国是地热资源分布较广的国家,20 世纪 70 年代初,地质学家倡导把地热作为可再生能源利用,到 1990 年我国的非电利用地热能消费量已跃居世界第二位。20 多年来,我国在地热能开发利用方面建立了西藏羊八井地热发电示范基地,天津地热区域采暖示范基地,静海(天津市)、雄县(河北省)、新郑(河南省)和福建省农科院等 4 个农业利用示范基地,以及雄县与汝城(湖南省)热田科学管理技术示范县,开展了地热资源评价,高温地热开发研究,地热温室利用技术,地热水产养殖、越冬、繁殖及高产技术,地热采暖、干燥及孵化技术,地热利用工程关键技术,地热水对环境影响及防治,地热综合利用与管理等的研究与推广,形成了一定的开发利用规模和地热产业。

我国地热发电从 20 世纪 70 年代初开始,经历了 1970—1985 年以中低温试验发电站为主和 1985 年以后发展商业应用的高温地热电站两个阶段。在 70 年代初建成的中低温试验发电站中,以江西温汤试验发电站规模最小。温汤发电站容量 50kW,地热水温度 67℃,采用双循环系统,使用了向心式汽轮机,向地下热水通道注入地表冷水(河水),使附近地热水生产井获得了自流压头,利用山泉小河坡降地形造成了 3m 水头的自流冷却水源。整个发电系统只有一台 5kW 的工质循环泵,不需要外电源启动,电站小巧、运行灵活,供当地夜间照明,当时这个小山村缺电,没有生产负荷,在电站归属附近的小水电站之后停止运行。湖南宁乡灰汤地热电站(表 1-1)是 70 年代建成的一批电站中目前唯一继续运行的电站,电站容量 0.3MW。自 1979 年投入连续运行以来,尽管由于当地地热资源开发缺乏统一管理,争水干扰迫使电站降低出力运行(有时甚至被迫停机),仍然有 50% 发电量上网,部分缓解地区电网的枯丰效应,并且获得一定的经济效益。广东丰顺邓屋地热电站是一座闪蒸式试验电站,1982 年新增一台 0.3MW 闪蒸发电机组,1984 年并入当地电网运行,该机组在统计的 10 年中,年运行小时数大部分在 7300h 以上,有几年甚至达到 8000h 以上。该发电站地热发电效率为 1.43%,每吨热水发电 1kW·h 左右。我国的以上几座发电站都是并入当地以小水电为主的地区电网,电价偏低,经济上仍然尚可维持。它们也表现出了地热电站可用系数高、运行稳定和运行成本低的特点。如果能开发出中高温地热流体,供建造兆瓦级发电站以增强地方电网,在正常情况下会有更好的经济效益和社会效益。

表 1-1 中国低温地热电站简况

电站名称	系统类型	水温(℃)	容量(kW)	日期	现状
湖南宁乡灰汤	闪蒸	90	300	1975.1	间断运行
广东丰顺邓屋	闪蒸	91	300	1982.4	运行
西藏那曲	双循环	110	1000	1993.11	间断运行

目前,我国中高温地热电站主要集中在西藏。西藏的总装机容量为 28.18MW(羊八井 25.18MW、朗久 2MW 和那曲 1MW),并且带动了地热采暖和温室(种植蔬菜)面积约 $9 \times 10^4 m^2$;羊八井电站的发电量占拉萨电网的 40% 以上,对缓和能源紧缺状况举足轻重。

中国石油天然气股份有限公司华北油田分公司依据地下所开发油藏热能资源状况与特点,在第一采油厂、第三采油厂和第五采油厂利用油田排放的污水进行余热利用,地热利用方式主要有生产伴热、洗浴、供暖及种植等(表 1-2)。

表1-2 华北油田地热利用简况

项目	热源	水量(m³/d)	相当标准煤(t/a)	利用处所	备注
洗浴	地热井	未计量		多数二级单位	地热井40口
供暖	地热井、污水余热	23000	9888.2	物业公司、部分站点	
种植	地热井	2400	703	综合十二处	供暖后尾水
伴热输油	地热井、污水余热	3000	3571.5	荆二联、留一联、雁北站	
合计		28400	14162.7		

通过换热为输油系统伴热,取得了一定的经济效益。在综合十二处、综合三处利用地热能进行花卉种植、生活采暖等方面也均见到了较好的效果。

荆二联合站(简称荆二联)利用地热水伴热输油:荆二联是华北油田南部荆丘油田的原油集输站,荆丘油田是20世纪80年代中期投入生产开发的油田,2000年日产液1170t,其中日产原油200t,综合含水87.9%。荆二联担负着该油田南部近一半的原油处理及原油外输任务,其所需总热量应用包括原油外输脱水及站内生活区用热。2000年经过对长期停产油井的调查,对晋古2-4井、晋古2-7井的地热资源进行评价,确认这两口油井可以作为提供地热水的热水井。2001年,第五采油厂利用晋古2-4井、晋古2-7井的地热水和井口压力,直接向站内供地热水,停掉荆二联原有的加热炉和热水泵,对循环后的伴热水再进行污水回注处理。两口地热井日供液800m³,经计算,两口井生产的热量可全部满足荆二联正常所需的热量,荆二联停运已有的全部加热炉,进站热水温度达到108℃,原油外输温度75℃,脱水温度65℃,伴热水温度60℃,正常生产运行。日节约用油5t(折年节约1500t),伴生产天然气3485m³(折年生产100×10⁴m³)。晋古2-4井、晋古2-7井两口井经大量排液,实现了降压开采,大排量提液后,日增产原油7t(折年增产2100t)。

除了荆二联以外,在留一联、雁北站等也开展了利用地热水伴热输油工程,这些工程在利用污水余热和地热水进行原油集输中,全年总利用热量折$1.1431×10^4$t标准煤,与2004年全年伴热输油总能耗$47.39×10^4$t标准煤相比,地热利用不到3%,还有很大利用空间。

应用废弃井热水建设地热开发利用示范基地:霸九井是华北油田于1977年在南孟油田钻探的油田探边井,因没有油气成为废弃井。南孟潜山地热田位于华北油田的中央隆起地热异常带上,热储层为中—新元古界雾迷山组的碳酸盐岩,估算地热总资源量为$17987×10^{16}$J,可采量为$2940×10^{16}$J,地热水总资源量为$1261.26×10^8$m³,可采量为$12.61×10^8$m³。丰富的地热资源,可供开采30年以上。霸九井井深2771m,主要产水井段为1983~2475m,泵抽每小时产水100m³,井口温度93℃,按供热尾水42℃计算,井的供热量为$2.142×10^7$kJ/h,折合功率为5950kW。目前霸九井地热利用主要是供暖和花卉种植,现地热基地工程项目主要有地热井、换热站、花卉温室大棚及花卉组培室。现供暖面积$21×10^4$m²,每个采暖期可节约天然气$213×10^4$m³,花卉温室大棚28栋,每栋面积544m²,种植花卉平均每平方米产值约为50元,在节省能源方面取得了较好的经济效益及社会效益。霸九井所在地区在20世纪70年代的油气勘探历程中钻有一批探井,其中有油气的井转为油气生产井,无油气井则被封闭废弃,这些废弃井如修复即可成为地热井,科学合理地开发利用该地区的地热资源,应是老油田发展接替产业、节约能源的主要方面。

虽然华北油田地热利用较早,但利用的规模较小,在油田开发中后期,有大量废弃的油水井可以转为地热井,这些地热井可以提供的热能巨大,在满足原油集输系统生产伴热和生活供暖的同时,还可以地热水集中发电,而且利用温度较高的油井产出液进行地热能综合利用在世界上还没有先例,应用前景十分广阔。

第二章　华北油田地热资源

华北油田位于河北省中部,构造位置属于渤海湾盆地冀中坳陷,它西邻太行山隆起,北接燕山隆起,东依沧县隆起,南抵邢衡隆起,呈北东—南西走向,面积 $3.2 \times 10^4 km^2$。

第一节　地温场特点

华北油田地热分布广、层系多、资源总量大,地温场呈现出高低相间带状分布,并与构造上的凸起、凹陷相对应,凸起地温梯度高,凹陷地温梯度低。异常带延伸的方向以北北东—北东向为主。地热资源属中低温传导型地热资源。靠近西部沿太行山东麓北京—保定—石家庄凹陷一带,属低地温梯度分布区,区内地温梯度小于 2.5℃/100m,在1000m、2000m、3000m 深度的温度分别为 35 ~ 45℃、60 ~ 75℃ 和 85 ~ 105℃;牛驼—高阳—宁晋凸起构成的中央隆起带,属高地温异常区,一般地温梯度为 3.2 ~ 6.0℃/100m,最高地温梯度值为牛驼镇凸起上的浅牛1 井,达 10℃/100m 以上,1000m、2000m 和 3000m 深的温度分别为 45 ~ 47℃、75 ~ 79℃ 和105 ~ 111℃;沧县隆起属高地温异常区,地温梯度差异较大,但大部分区域地温梯度一般为3.4 ~ 3.6℃/100m。其中王草庄—大城—献县凸起带,地温梯度为 3.2 ~ 5.2℃/100m,1000m、2000m 和 3000m 深度的温度分别为 45 ~ 65℃、75 ~ 95℃ 和 100 ~ 115℃。

第二节　热储层特征

冀中坳陷下部的基岩是太古宇、古元古界变质岩,在其上覆盖有华北地台型的沉积地层。根据地层岩性的热储特性和可利用的水温、水质、水量情况,纵向上可划分四套热储层。

一、新近系明化镇组、馆陶组高孔隙型砂岩热储层

明化镇组顶界深度 400 ~ 500m,底界埋深 1000 ~ 1800m,上部为第四系覆盖,全区均有分布。明化镇组单层砂岩厚度 10 ~ 15m,累计砂层厚度 100 ~ 400m,砂岩占地层厚度的 30% ~ 45%,平均孔隙度为 30% ~ 33%,渗透率为 139 ~ 570mD。明化镇组热储层富水性较好。以任丘地区为例,在明化镇组内钻探热水井 40 余口,井深为 800 ~ 1000m,井口水温 40 ~ 50℃,单井涌水量一般为 1000 ~ 1500m³/d,最大涌水量 2500m³/d。水质好,矿化度低,一般小于 1g/L,可作为生活用水。

馆陶组沉积厚度 200 ~ 400m,最大厚度达 600m 以上,从凹陷边缘向凹陷中心厚度递增。

砂岩占整个剖面的40% ~70%;砂岩单层厚度大,一般10 ~20m,累计厚度100 ~200m,最大累计厚度450m;物性好,有效孔隙度20% ~32%,渗透率一般为93 ~500mD。任丘地区井深为1800 ~2000m,单井产水量可达1000 ~1500m³/d,井口水温可达70 ~78℃。矿化度较低,一般小于2.0g/L。

二、古近系东营组、沙河街组的中孔隙型砂岩热储层

古近系沙河街组、东营组主要为一套内陆湖相碎屑岩沉积。该组合经受上覆地层较强的压实作用,成岩性好,储层物性变差。据统计,含水砂岩的孔隙度为9.5% ~28%,渗透率为1 ~470mD,总体上属低孔隙度、低渗透率储层,富水性差。经大量油气钻井测试表明,绝大部分井的产液量低于100m³/d,而且地下水矿化度高。因此,古近系一般不构成经济价值的热储层。

三、下古生界奥陶系和寒武系裂缝型石灰岩、白云岩热储层

1. 奥陶系热储层

古近系直接覆盖区比有石炭系—二叠系覆盖区的溶洞率高,有石炭系—二叠系盖层的溶洞率为0.18% ~0.20%,无石炭系—二叠系盖层的溶洞率为0.91% ~0.95%。据冀中潜山油田碳酸盐岩储层研究,通过对本区奥陶系储层98口井总厚度19001.22m的划分,其储层厚2909.86m,占总厚的15%,有效孔隙度为5% ~6%。奥陶系是本区富水性较好的储层之一,经测试单井产水量300 ~2592m³/d,井口水温46 ~83℃,矿化度为3.0 ~11.0g/L。

2. 寒武系府君山组热储层

岩性为褐灰色细晶白云岩、灰质云岩,钻探揭开厚度仅为37 ~64m,其储存空间也属岩溶裂隙型。平均有效孔隙度为6%,有效渗透率为226 ~1420mD,单井产水量为115 ~495m³/d。井口水温59 ~82℃,总矿化度为3.0 ~5.46gL。

四、中—新元古界蓟县系雾迷山组和长城系高于庄组裂缝—溶洞型白云岩热储层

1. 蓟县系雾迷山组热储层

本组热储层岩性以藻白云岩为主,中部夹泥质云岩,总厚度为505 ~2624m。坳陷内均有分布,其溶蚀孔、洞最为发育。据任丘油田雾迷山组110口井统计,热储层占揭开厚度的64.2%,非储层占揭开厚度的35%,扣除非储层平均孔隙度为6.44%,有效渗透率为130 ~2347mD,单井产水量100 ~4300m³/d,井口温度52 ~112℃,矿化度2.83 ~35.4g/L。本组是研究区最好的热储层。

2. 长城系高于庄组热储层

据河间高于庄组马38井油藏储层物性资料,有效孔隙度为12%(风化壳),有效渗透率为167mD,单井产水量266 ~1075m³/d,井口水温52 ~86℃,矿化度2.93 ~5.52g/L。此外,古近系沙河街组四段—孔店组砂砾岩层,中生界下白垩系的砂岩、砂砾岩层,二叠系上石盒子组的含砾砂岩层以及中—新元古界长城系的常州村组和太古宇的花岗岩等,也具有热储层必备的条件,可做局部地区热储层。

第三节 地热资源评价

地热资源计算一般是针对热储层储存的地热能和地热流体,计算地热储层中的储存热量(J)、储存的地热流体量(m^3),并依据勘查程度、经济意义不同,分别确定地热资源在不同勘查期的基础资源量。

一、计算方法及参数确定

采用热储体积法,计算公式为:

$$Q_R = CAd(T_r - T_j) = D \cdot ev \qquad (2-1)$$

式中　Q_R——地热资源量,J;

　　　A——热储面积,m^2;

　　　d——热储厚度,m;

　　　D——基岩层厚度,m;

　　　ev——储层系数;

　　　T_r——热储温度,℃;

　　　T_j——基准温度(当地地下恒温层温度或年平均气温),℃;

　　　C——热储岩石和水的平均热容量,$J/(m^3 \cdot ℃)$。

可采地热资源量:

$$Q_{wh} = R_e Q_R \qquad (2-2)$$

式中　Q_{wh}——可采出的热量,J;

　　　R_e——回收率或热能采收率,%。

在进行地热资源评价时,碳酸盐岩裂隙地热资源的回收率取15%。

有效利用资源量:

$$Q_z = CAd(T_r - T_0)R_e \qquad (2-3)$$

式中　Q_z——有效利用热资源量,J;

　　　T_0——热水利用后温度,取30℃;

　　　R_e——热能采收率,%。

热水资源量:

$$W_总 = W_弹 + W_容 = FS^*H + \phi V \qquad (2-4)$$

式中　$W_总$——热水总储存量,m^3;

　　　$W_弹$——热水弹性储存量,m^3;

　　　$W_容$——热水容积储存量,m^3;

　　　F——热储面积,m^2;

　　　S^*——含水热储层弹性释放系数,无量纲;

H——自热储顶板算起的水头高度,m;

  ϕ——含水热储层的平均孔隙度,%;

  V——含水热储层的有效体积,m^3。

  热水可采量利用回采系数法估算。古近系—新近系孔隙型热储层的回采系数取5%;基岩碳酸盐岩裂缝型热储层的回采系数取1%~5%,1%为理论推测数据,5%为远景规划依据。

二、资源评价

  1. 华北油田的地热资源评价原则

  (1)热储深度1000m的温度大于40℃,地温梯度大于3℃/100m。

  (2)埋深2000m以浅的为经济型资源,2000~3000m的为亚经济型资源,含油潜山热田油水界面以上的地热资源定为经济型资源。油水界面以下至3500m或4000m为亚经济型资源。

  (3)热田面积大于$10km^2$。

  (4)新近系资源和基岩潜山资源分别计算,古近系资源暂不计算评价。

  (5)新近系地热资源(表2-1):华北油田新近系热田热储分布面积广,横向上无严格分隔界线,可以热储厚度、温度及区域断层综合划分为11个区,总面积$18614km^2$,占油区面积65.5%。地热资源估算结果:新近系地热资源为$663.47 \times 10^{18}J$(相当于$227 \times 10^8 t$标准煤),地热水资源为$15699.5 \times 10^8 m^3$。其中馆陶组地热资源为$364.14 \times 10^{18}J$,地热水资源为$5408.4 \times 10^8 m^3$;明化镇组地热资源为$299.33 \times 10^{18}J$,地热水资源为$10291.1 \times 10^8 m^3$。其分布特征为:东部地区饶阳、霸州、武清凹陷热储层位齐全、厚度大、分布稳定,单位面积所含资源量大,馆陶组底部温度一般均大于75℃,是地热开发的最好地区。缺失馆陶组的凸起区,如大城凸起、王草庄凸起、牛驼镇凸起等,地温梯度大于3.5℃/100m,其明化镇组储水层埋深500~1200m,热储平均温度约为50℃,水质好是地热直接利用的最佳地区。

表2-1 华北油田新近系地热资源量计算表

序号	构造位置	面积(km^2)	统计井数(口)	明化镇组					馆陶组				
				砂层厚度(m)	平均孔隙度(%)	平均温度(℃)	地热资源量($10^{18}J$)	热水资源量($10^8 m^3$)	砂层厚度(m)	平均孔隙度(%)	平均温度(℃)	地热资源量($10^{18}J$)	热水资源量($10^8 m^3$)
1	河西务	452	4	117	30	45.1	3.86	158.7	—	—	—	—	—
2	王草庄	302	2	168	37	52	4.89	187.7	—	—	—	—	—
3	牛驼镇—容城	1208	4	123	34	49	12.75	505.2	—	—	—	—	—
4	霸州南部及文安斜坡	2591	5	162	29	47.4	32.67	1217.3	129	23	59.4	44.18	768.7
5	大城凸起	2087	6	104	33	45.8	16.73	716.3	—	—	—	—	—
6	高阳—无极	3487	7	196	30	48.7	55.91	2050.4	211	22	64.8	107.27	1618.7

序号	构造位置		面积（km²）	统计井数（口）	明化镇组					馆陶组				
					砂层厚度（m）	平均孔隙度（%）	平均温度（℃）	地热资源量（10^{18}J）	热水资源量（10^8m³）	砂层厚度（m）	平均孔隙度（%）	平均温度（℃）	地热资源量（10^{18}J）	热水资源量（10^8m³）
7	饶阳凹陷深区	<2000m	3323	9	315	26	54.4	95.97	2721.5	116	18	73.8	61.18	693.8
		>2000m								74	16	81.9	42.53	393.4
8	饶阳凹陷东部		2073	11	221	29	52.1	40.83	1328.6	113	22	69.3	37.23	515.3
9	宁晋一束鹿		1884	6	146	31	45.2	20.37	852.7	187	25	57.1	45.94	880.8
10	前磨头		418	2	40	35	41.7	1.14	58.5	210	29	52.1	7.82	254.6
11	孙虎		789	3	216	29	49.7	14.21	494.2	156	23	64	17.99	283.1
总计			18614					299.33	10291.1				364.14	5408.4

2. 古近系东营组、沙河街组的中孔隙型砂岩热储层

古近系沙河街组、东营组主要为一套内陆湖相碎屑岩沉积。该组合经受上覆地层较强的压实作用，成岩性好，储层物性变差。据统计，含水砂岩的孔隙度为 9.5% ~ 28%，渗透率为 1 ~ 470mD，总体上属低孔隙度、低渗透率储层，富水性差。经大量油气钻井测试表明，绝大部分井的产液量低于 100m³/d，而且地下水矿化度高。因此，古近系一般不构成有经济价值的热储层，但值得注意的是：处于凹陷边缘斜坡带地区，古近系向凸起超覆沉积，因靠近物源区，沉积颗粒粗，具有山麓堆积特点，局部可能会形成孔隙度、渗透率较好的热储层，如里 103 井和晋 4 井。

3. 基岩地热田资源

油区内 20 个基岩地热田总面积 7110.9km²，占油区面积 25.1%，地热资源总量为 640.97 × 10^{18}J（相当于 218.9 × 10^8t 标准煤），地热水资源量为 1994.83 × 10^8m³（表 2 - 2）。其中经济型地热资源量为 162.02 × 10^{18}J，地热水资源量为 794.12 × 10^8m³。亚经济型地热资源量为 478.35 × 10^{18}J，地热水资源量为 1200.71 × 10^8m³。区内基岩地热田面积大于 1000km² 的特大型地热田有大城和献县两个，另有 13 个基岩地热田的面积大于 100km²，还有 5 个地热田面积大于 10km²，它们均属于大、中型地热田。

古生界、元古宇是区内最好的地热开发目的层。华北油田拟利用的 10 个古潜山油藏（表 2 - 3）均已进入后期开发，其中地层温度高、产液能力高、注采井网完善、地面工艺配套，同时又具有提液增油条件的潜山油藏是今后华北油田地热利用的主要对象。

表 2-2 冀中油区基岩地热田特征及地热资源估算表

构造带	地热田名称	主要热储层	盖层	地热田面积 (km²)	盖层地温梯度 (℃)	基岩高点埋深 (m)	井口水温 (℃)	单井流量 (m³/d)	经济型资源 热水 (10⁸ m³)	经济型资源 热能 (10¹⁸ J)	亚经济型资源 热水 (10⁸ m³)	亚经济型资源 热能 (10¹⁸ J)
中央隆起带	凤和营	O	N,E,C-P	122.0	>3.0	1900~2600	70~80	100~388	—	—	8.55	3.32
	牛驼镇	Jxw	Nm	510.7	>4.0	528~1200	46~80	115~1468	185.75	51.68	278.79	104.01
	谷城	Jxw	Nm	149.3	>4.0	600~1200	50~84	446.4	95.65	21.07	90.77	35
	雁翎	Jxw	N,E	114.5	>3.5	2900~3500	59~112	105~1489	0.21	0.11	34.06	15.34
	高阳	O-Jxw	N,E	746.4	>3.5	3000~3300	94~114	433~4300	—	—	50.2	25.7
	刘村	O-Jxw	N,E	384.0	>3.5	2600~3000	60~89	120~430	—	—	15.43	7.32
	宁晋	O-Ar	N,E,C-P	449.7	>4.0	900~1500	64~99	101~3808	23.36	6.95	8.66	3.33
	新河	O-Ar	N,E,C-P	472.0	>4.0	1000~1300	64	417	29.4	9.84	66.3	27.66
	小计			2948.6					334.37	89.65	552.76	221.68
东部潜山带	任丘	O-Jxw	N,E	168.3	>3.5	2600~3200	80~90	580~810	168.3	3.25	91.48	43.71
	南马庄	O-Jxw	N,E	295.0	>4.0	1300~1800	80~116	500~2050	1.49	0.52	53.28	18.63
	河间—八里庄	Pt	N,E	103.0	>3.5	2500~3000	52~98	121~1174	—	—	9.15	4.27
	留路	Pt	N,E	180.0	>3.5	1700~2300	80~90	300~2000	2.14	0.88	18.12	7.46
	孙虎	Pt	N,E	26.8	>3.5	2600~3000	55~89	120~597	—	—	1.47	0.64
	献县	O-Jxw	N	1000.0	>3.5	900~1200	70~100	800~2000	71.7	19.98	150	63.39
	大城	O-Jxw	N,C-P	1030.0	>3.5	900~1400	50~68	50~286	76.9	21	154.5	65.29
	王草庄	O	N,Mz	380.0	>3.5	900~1200	66~90	200~1500	17.4	5.87	49.3	20.68
	小计			3183.1					337.93	51.5	527.3	224.07
西部凹陷	北京	Jxw	N,E,Mz	50.0	>4	600~1100	39~59	420~1620	17.52	4.46	15	5.03
	大兴	Jxw	N,E,Qn	556.0	3	800~1100	42~56	1800	104.3	16.41	83.4	20.21
	无极	Jxw	N,E,Mz	61.8	>3.5	2300~2600	74~98	177~1440	—	—	1.58	0.66
	蒿城—栾城	O	N,E,C-P	311.4	>3	2100~2600	80	1000	—	—	20.67	6.7
	小计			979.2					121.82	20.87	120.65	32.6
合计				7110.9					794.12	162.02	1200.71	478.35

表2-3 华北油田地热综合利用潜山油藏基本情况表

油藏名称	生产层位	含油面积（km²）	地质储量（10⁴t）	油藏中深（m）	地层压力（MPa）	渗透率（mD）	孔隙度（%）	地层温度（℃）	总井数（口）	目前生产状况					
										生产井数（口）	日产液（t）	含水（%）	井口温度（℃）	动液面（m）	累计产油（10⁴t）
雁翎	雾迷山组	8.3	1695.0	2989.7（南山头）	29.19	1973	6	118	44	10	1989	96.9	77~102	0	508.0
留北	雾迷山组	5.90	2203.0	3350	30.18	158	6	123	27	7	1403	97.6	56~115	0	399.6
河间	高于庄组	1.20	514.7	2370	21.24	167	12	83	14	11	584	80.2	57~91	0	223.8
八里庄	雾迷山组	1.70	462.9	2665	23.95	140	6	103	10	6	446	88.5	67~91	270	160.6
八里庄	雾迷山组	3.90	1253.7	3904	33.71	130	6	135	13	5	417	91.5	53~78	533	286.7
莫州	雾迷山组	3	1244	4189	35	288	6	144	17	13	881	94.5	39~82	425	352.4
南孟	奥陶系、府君山组、馒头组、龙山组	2.7	416	1961.7	18.6	1101	6	74	43	18	274	64.1	60~70	250	88.5
龙虎庄	奥陶系、府君山组	3.9	1151	2142.3	19.9	1046	6	82	36	12	81	69.7	70~80	351	202.2
晋古2	奥陶系	5.30	552.3	4710	40.4	48	5	160	9	3	464	99	80~110	235	65.4
任丘	雾迷山组	57.4	37605	3250	25.39	1253	6	120	254	168	14246	95.2	22~110	803	11886.7
泽西	奥陶系	2.41	319.8	4017	33	65	5	143	14	7	285	97.1	28~98	557	67.4
合计		95.71	47417.4						481	260	21070				14241.3

第三章 留北潜山地热开发 综合利用先导试验

根据中国石油天然气集团公司(以下简称集团公司)"以油气生产为主体,实行多元开发"的方针,华北油田充分利用地热水这一资源,将地热水资源的开发利用与石油能源的开发及生态环境建设有机结合起来,实现良性循环,可持续发展。

对华北油田地热能资源按照统一规划、有序实施、高效开发、稳健推广的原则进行综合利用规划,首先选取地热资源相对丰富、地层构造均质性强的潜山油田进行地热综合开发利用的先导试验,在试验成功并取得一定应用经验的基础上逐步扩大规模,至"十二五"末达到节约或替代常规燃料、替代标准煤 40×10^4 t 的目标。

2008 年 11 月,经中国石油天然气股份有限公司(以下简称股份公司)专家组审核通过,华北油田设立了"华北油区地热开发综合利用技术研究"项目,确定了以"华北油田地热资源评价研究、地下温度场变化规律研究、地热能综合利用方式和效益评价方法研究"等为主要研究内容的工作目标,研究周期两年(2008—2009 年底),项目以古潜山油田开发后期提液增油为依托,积极发展地热能,攻克油田大排量提液增油、产出液余热高效发电、地温场变化规律、防腐防垢保温等关键技术难题,为油电热综合利用提供技术支撑;形成油田地热资源评价、大排量提液、低温回注对地温场影响的研究方法,引进或研发具有自主知识产权的中低温地热发电、油田生产伴热、社区取暖等的配套技术;为油田采出热水规模利用、实现利用地热节能提供技术支撑,推进华北油田地热资源科学开发利用工作的开展。

(1)试验研究范围:华北油田第三采油厂留北油田,位于河北省河间市、献县境内,构造位置均属冀中坳陷饶阳凹陷带。

(2)项目方案编制原则:遵守国家及行业的有关法规和政策,执行国家及行业的有关设计规范、标准及规定;根据国家节能减排的有关政策,以确保油气生产为主体,实行多元开发的方针,充分利用地热资源;广泛借鉴国际和国内地热资源利用的先进经验,遵循"安全、环保、节能、节地"的基本要求。通过大排量提液增油、地热水发电以及利用地热取代以原油和天然气作为燃料的热水炉,通过换热方式为伴热管线的热水升温,从而达到综合、高效利用地热水的目的;设备与材料性能可靠、技术先进、高效节能、方便运行、便于维护,提高地面系统运行的可靠性;以经济效益和社会效益为中心,优化总体方案平面布局,充分利用已建配套设施,降低工程总投资。

(3)技术路线:利用留北潜山油藏提液井采出水余热资源,实现留北油田相关站场热水炉的燃料油气替代,节约油气能源;通过多方案集输系统工艺计算和比选,确定较为合理的地热水管线输送系统,确保油水分离后的原油含水不大于30%;通过对换热设备的结构、换热温差、换热工艺等的比选,选用高效节能换热器;采用耐高温的管道材质和防腐材料,解决集输管线高温、腐蚀与结垢问题,延长管线使用寿命;根据油田采出地热水参数和水质,经济合理地选择发电方式。采用上述先进、成熟、可靠的工艺技术及设备,可提高采出水集输系统、发电系统、原油脱水系统、回注水系统的安全性、可靠性,本工程技术在国内处于先进水平。

第一节　留北潜山油藏概况

一、地质特征

饶阳凹陷留北—留路潜山构造带受一系列北东向断层控制,又被东西向横断层切割为留北潜山和留路潜山两个山头。构造带西侧受河间—留路大断层控制,并以这条大断层为构造边界,西侧下降盘为河间洼槽,东部靠鞍部与献县低凸起连接。南部以断层与留西潜山相邻,北部以鞍部与河间潜山分隔。

留北潜山位于饶阳凹陷河间洼槽的东部,潜山顶面形态为一北东向鼻状构造,西侧被主断层切割,潜山高点埋深3216m。潜山生产层位为雾迷山组,储层具有双重孔隙介质特征,孔隙度6.0%,有效渗透率158mD。含油面积5.9km²,地质储量2203×10⁴t。留北地热田面积44.85km²,地热资源为1.75×10¹⁸J,地热水资源量为3.93×10⁸m³。留北—留路地热田分布图如图3-1所示。

留北潜山处于河间潜山和留路潜山之间,潜山形态为北、西、南三面被断层包围的断块山,由留24和马85两个断块型潜山构成。其中留24潜山高点埋深3000m,幅度500m;马85潜山高点位于马37井附近,埋深2400m,幅度1100m。留北潜山地热田面积约45km²。1976年6月首钻留10井,经测试日产油1624t,日产水141m³。

留北—留路潜山构造带主要受北东向的河间—留路大断层、留16断层和北西向的留北横断层控制形成(图3-2)。

河间—留路大断层是纵贯饶阳东部潜山带的一条主要断层,经留北潜山西侧,整个断层长约85km,在留北潜山为4.2km,走向北北东,倾向北西西,为西盘下掉的正断层。断面倾角45°左右,潜山顶面断距1000～1500m。该断层既控制着古近—新近系的沉积,又对潜山形成起着重要作用。

留16断层也是东部潜山带的一条主要控制沉积构造的北东向西掉断层,断距较大(500～1800m),断距中间大,南北向逐渐减小,在上升盘形成地层南北向东倾的断鼻构造。

留北横断层是留北潜山南部边界的一条北掉的正断层,走向近东西向,断面倾角上下陡(65°～70°)中间缓(20°～30°),在剖面上呈座椅状。西端与东部留16断层相交,断层断距西小东大,东段断距达1200m左右,向西逐渐变小消失。

留北—留路潜山带钻遇地层主要为中—新元古界长城系和蓟县系,发育了6组8段12个岩石地层单元(图3-3)。

1. 蓟县系

蓟县系包括雾迷山组和杨庄组,区域上的洪水庄组、铁岭组在研究区因剥蚀而缺失。

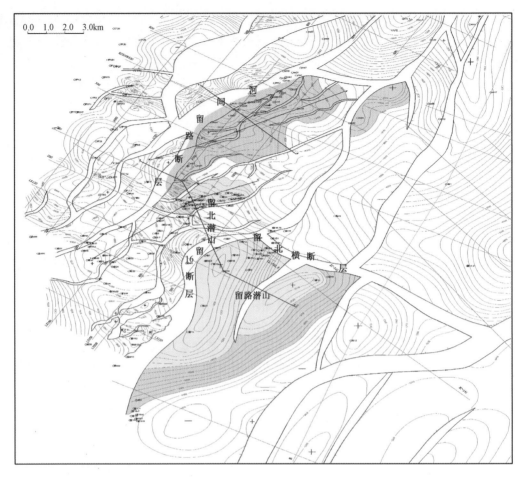

图 3-1 留北—留路地热田分布图

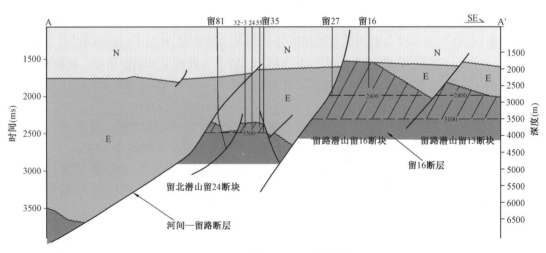

图 3-2 留 81 井—留 16 井构造剖面图

N—新近系;E—古近系

1）雾迷山组（Jxw）

留北—留路潜山构造带留 16 井 1701～
2480m 井段和蓟县系野外露头的雾迷山组大体
相当。雾迷山组纵向上可细划分出如下 4 段。

（1）雾四段（Jxw₄）。

雾四段代表剖面为留 16 井 1701～1815m，视
厚度为 114m。底部为厚层灰色泥质云岩；中下
部以灰白色、灰色、深灰色云岩为主，夹少量燧石
云岩、硅质云岩、泥质云岩；上部以灰白色及灰色
云岩、灰质云岩与白垩、燧石云岩不等厚互层。
本段以燧石云岩相对集中发育为特征。

留北潜山、留路潜山钻遇的地层主要为雾四
段。该段因顶部剥缺，可能保存不全。

（2）雾三段（Jxw₃）。

雾三段代表剖面为留 16 井 1815～1997m，视
厚度 182m。下部为灰色厚层云岩，夹少量泥质
云岩；中部以棕红色、灰色、灰白色云岩与灰色泥
质云岩近等厚互层为特征；上部以灰白色、灰色
厚层云岩为主，夹少量硅质云岩和泥质云岩。本
段以出现红色岩系和泥质云岩含量相对较高为
标志。

（3）雾二段（Jxw₂）。

雾二段代表剖面为留 16 井 1997～2234.5m，
视厚度 237.5m。下部以灰白色、灰色厚层云岩
为主，夹少量泥质云岩；中部发育灰白色、灰色硅
质云岩，白云岩，局部见薄层云岩和白垩；上部主
要为灰色、灰白色云岩，夹薄层泥质云岩。本段
以白云岩发育和出现白垩为标志。

（4）雾一段（Jxw₁）。

雾一段代表剖面为留 16 井 2234.5～2480m，
视厚度 245.5m。下部灰白色厚层云岩，夹少量
泥质云岩和石英砂岩薄层，局部见灰色硅质云
岩；上部以灰色云岩为主，夹少量泥质云岩和白
垩。本段以发育高阻白云岩为标志。

2）杨庄组（Jxy）

杨庄组代表剖面为留 16 井 2480～2569.5m，
视厚度 89.5m。岩性组合主要为灰白色、灰色、

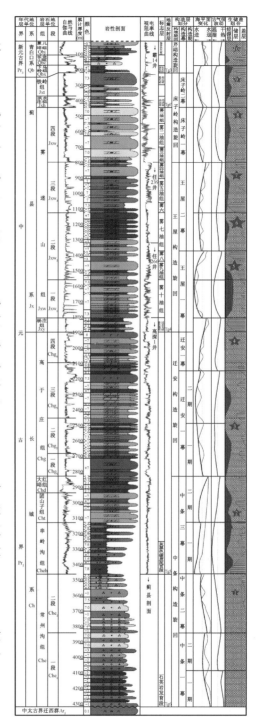

图 3-3 冀中探区中—新元古界综合柱状图

棕红色、紫红色云岩。杨庄组以其发育红色岩系为标志。

2. 长城系

1)高于庄组(Chg)

高于庄组纵向上可划分出 4 个岩性段,分别和野外露头的 4 个亚组相当。

(1)高四段(Chg₄)。

高四段代表剖面为留 16 井 2569.5~2773m,视厚度 203.5m。下部主要为灰色厚层云岩,夹少量泥质云岩和碎屑云岩薄层;中部发育巨厚层云岩;上部以碎屑云岩为主,夹少量白云岩和硅质云岩。

高四段以白云岩相对发育为标志。在电性特征上,视电阻率值较上覆杨庄组和下伏高三段偏高。

(2)高三段(Chg₃)。

高三段代表剖面为留 16 井 2773~3066m,视厚度 293m。下部主要为灰色厚层云岩,局部出现灰质云岩;中部为深灰色厚层云岩,夹少量碳质页岩和泥质云岩;上部以灰色云岩与泥质云岩不等厚互层为特征。

(3)高二段(Chg₂)。

高二段代表剖面为留 16 井 3066~3244.5m,视厚度 178.5m。下部岩性主要为灰黑色泥岩、碳质泥岩和碎屑云岩;中部为灰白色、灰色厚层云岩;上部以灰白色、灰色厚层云岩为主,夹少量硅质云岩和碎屑云岩。

(4)高一段(Chg₁)。

高一段代表剖面为留 16 井 3244.5~3429.5m,视厚度 185m。底部为灰色云岩与灰白色石英砂岩互层;下部为灰色、深灰色云岩;中上部为灰色、深灰色云岩,夹少量泥质云岩薄层。

2)大红峪组和团山子组(Chd + Cht)

大红峪组和团山子组代表剖面为留 16 井 3429.5~3534m,视厚度 105.5m。下部为灰绿色、灰色、灰黑色泥岩及白云质泥岩,夹浅灰色、灰白色云岩及棕红色碱性正长岩;中部为灰绿色云岩与浅灰色、灰紫色泥质云岩互层;上部为灰紫色、灰绿色泥质云岩,夹浅灰色云岩,灰紫色、灰绿色云质泥岩。

3)串岭沟组(Chch)

串岭沟组代表剖面为留 16 井 3534~3722.5m,视厚度 188.5m。中下部为碳质泥岩,夹薄层云岩,局部发育碳质页岩;上部为页岩。泥质云岩和泥岩不等厚互层。

4)常州沟组(Chc)

常州沟组剖面为留 16 井 3722.5~3773m,视厚度 51m。岩性组合主要以灰白色石英砂岩集中发育为特征,夹极少量碳质泥岩薄层。常州沟组不整合于太古宇变质岩系之上。

二、热储层特征

勘探实践证明,华北地区地下蕴藏着大量热水资源,从整体上研究确认区内赋存着封闭程度不同、层系之间联系程度有别的三大热水系统,即古潜山型热水系统,古近系断陷型热水系统和新近系坳陷型热水系统。留路—留北地热田主要为古潜山型热水系统。

留北—留路潜山构造带主要揭开了蓟县系、长城系,可作为热储层。

1. 蓟县系

本区蓟县系剥蚀严重,缺失铁岭组与洪水庄组,仅剩雾迷山组和杨庄组。

1)杨庄组

区内钻遇最大厚度70m,岩性以紫红色泥质云岩、白云质泥岩为主,夹灰色、深灰色云岩,含杂色砾石。孔、缝、洞较发育。该层马19井在2999.57~3092.53m井段试油,油单❶40mm,日产水121.7m³,具有一定的产水能力。但该层埋藏较深(一般大于3000m),厚度薄(小于70m),故并非为最好的热储层。

2)雾迷山组

雾迷山组是本区产液的主力层段,钻孔揭开最大厚度780m,岩性以白云岩为主,夹泥质云岩,含燧石团块,具内碎屑结构,底部雾一段藻类丰富。留路、南马庄、河间等地热田,产液量均很高。留北潜山的留24井目前日产液量724m³,说明该地层储集能力强,且连通性好。雾迷山组热水温度高,埋藏深度1700~3500m,热水温度90~120℃,甚至更高,是本区理想的产水目的层。经过多年的物性分析、研究,该层段平均孔隙度为5.98%,为计算方便取6%。岩石密度取2.741g/cm³,岩石比热容0.224cal/(g·℃),岩石热导率7.153W/(m·K)。

2. 长城系

长城系是本区埋深最老的元古宙地层,钻遇最大厚度1190m,包含高于庄组、大红峪组、团山子组和串岭沟组(表3-1)。

表3-1 长城系热水储层特征统计表

层位	厚度 (m)	岩性	储厚比 (%)	裂缝带 (m)	水质	水量 (m³/d)	密度 (g/cm³)	比热容 [cal/(g·℃)]	热导率 [W/(m·K)]
高于庄组	860	顶部硅质云岩 中部灰质云岩 下部白云岩	27.6	237	较好	>400	2.741	0.224	2.76
大红峪组	52	灰色云岩夹泥岩	—	—	较好	—	2.741	0.224	2.76
团山子组	118	以泥质云岩为主	—	—	较好	—	2.741	0.224	2.76
串岭沟组	180	以碳质泥岩为主	—	—	较好	—	2.267	0.210	2.76

高于庄组厚860m,岩性以白云岩为主,裂缝平均占揭开地层27.6%,实际储厚比应大于这一比例,是本系埋藏最浅、厚度最大储层,地层水矿化度为5600mg/L,硬度小于8mg/L,水质较好。

大红峪组、团山子组和串岭沟组,埋深大,物性较差,具有一定的储集能力,其开发利用价值有待进一步研究。

总之,本区潜山热储具有以下将征:

(1)潜山埋深大,潜山顶高差较大,最浅处1700m,最深处大于3600m。

---

❶ 油单为试油名词,是指油管单溢:试油过程中只打开井口采油树油管一侧,通过油嘴量产;如果同时打开油管、套管两侧量油求产,称为油双。

（2）自北到南热储分布不均，储层岩性也不尽一致，埋藏浅，靠近不整合面的地层裂缝发育，钻井中有井涌、放空等现象（表3－2）。

表3－2　留路潜山放空、漏失情况统计表

井号	完钻井深（m）	层位	潜山顶深（m）	放空		漏失	
				井段（m）	长度（m）	井段（m）	漏失量（m³）
新留5	2490	雾迷山组	2238	2481.5～2484	3.5	2256.0～2455.84	1392.8
留12	2796	雾迷山组	2068	—	—	2183.5～2341.6	253.92
留13	2166.12	雾迷山组	1988	2165.64～2166.09	0.45	2160.12～2166.09	118

（3）部分井口测压数据表明，潜山热水储层具有一定承压能力。留北潜山留24井井口静压达32.41MPa，留路潜山留464井流压16.5MPa（表3－3）。

表3－3　留北潜山试油压力及产液量统计表

地区	井号	裸眼厚度（m）	静压（MPa）	流压（MPa）	生产压差（MPa）	日产液（m³）
留北潜山	留24	32.18	32.41	26.24	4.0	724
	留32	27.87	31.73	27.38	1.0	180
	留33	8.24	31.97	—	1.2	321
	留44	50.41	32.34	31.95	0.5	109
	留25	15.08	32.34	31.47	1.5	420
	留35	25.38	32.25	31.61	1.3	402
	留28	17.06	31.53	—	1.5	454
	留10	10.7	—	26.34	1.0	150
	留30	16.55	32.79	28.91	0.8	108
	留32－2	17.102	—	25.69	2.0	44
	留55	11	33.13	32.87	1.5	57
留路潜山	留12	—	—	—	—	985
	留13	—	—	—	—	1968
	留464	43.45	—	16.5	—	159
	留406	29.66	—	—	—	62.4

（4）潜山热储产水量。根据留北潜山油藏油井分析，留北潜山平均日产液量为182m³，最高留24井日产液量可达724m³。对留路潜山热水井进行统计可知，各潜山井产水量一般在100m³以上。留12井日产水985m³，留13井日产水1968m³。雾迷山组和高于庄组日产水量一般大于400m³，反映出区内热水在潜山储层中有较好的赋存条件。但由于潜山裂缝的不均一性，各区块的富水性分布不均。高产水井一般仅位于基岩强烈风化带和断裂带。

（5）岩浆活动。华北地区中生代的燕山运动不仅使早期地层发生褶皱，而且发育了一系列北东向、北北东向及东西向的继承性大断裂，并伴随有岩浆活动，从始新世到渐新世末期曾发过多次岩浆喷发活动，其喷发的区域多位于基底大断裂附近。本区留北断层下降盘的留32

井和留 34 井在孔店组钻遇 7.0m 厚的凝灰岩;留路断层下降盘的留 85 井、留古 3 井、留 36 井、留 7 井和留 2 井在钻探中发现有酸性侵入岩,经鉴定,其侵入时间约为 165Ma,此侵入岩体分布范围较大,在磁性体异常图上也有显示,是本区唯一形成热异常的侵入岩体。分析有火山岩分布的区域地温梯度及地温资料,除留路断层下降盘外,未发现其他高温异常区,地温梯度为 3.0~3.5℃/100m,属于正常地温系统。

（6）地温场特征。地温主要受凹凸相间的地质构造格局的控制,呈高低相间带状展布。留路地区地温梯度表现为由北向南逐渐增高的趋势,这与潜山的埋藏深浅相一致,相对高温区与潜山隆起高区一致,隆起区盖层地温梯度一般大于 3.5℃/100m,高点盖层的地温梯度高达 4~5℃/100m。留路、留北潜山地温数据见表 3-4。

表 3-4　留路、留北潜山地温数据表

井号	层位	实测深度(m)	静温(℃)	地温梯度(℃/100m)	1000m 温度(℃)	2000m 温度(℃)
留 24	雾迷山组	3250	120	3.34	44.83	78.23
留 25	雾迷山组	3290	124	3.42	45.62	79.82
留 26	雾迷山组	3340	121	3.28	44.24	77.04
留古 1	雾迷山组	4000	152	3.52	46.6	81.8
马 19	雾迷山组	2946.8	111	3.38	45.22	79.02
马 12	雾迷山组	2000	81	3.48	46.2	66.2
马 62	雾迷山组	2400	91	3.32	44.64	77.84
马 62	雾迷山组	2350	90	3.34	44.83	78.23
马 65	雾迷山组	2400	98	3.61	47.48	83.58
留 12	雾迷山组	2135	105.5	4.42	55.42	96.62
留 13	雾迷山组	2030	96.62	4.2	53.26	95.26
路 27	雾迷山组	2335	99	3.75	48.85	86.35

从留路—留北地区地温梯度等值线图上看,留路地区地温梯度具有北低南高、西低东高的分布特点。留北潜山与留路潜山相比其地温梯度偏低,留 24 断块地温梯度均为 3.34℃/100m,马 85 断块地温梯度为 3.3~3.5℃/100m。

留路潜山热异常区位置与潜山顶相对应,留路热田地温梯度 3.5~5.0℃/100m,最大热异常在留 464 井附近。留 16 断块地温梯度 3.75℃/100m,留 13 断块地温梯度 4.2℃/100m。

三、地热资源评价

1. 评价原则与计算方法

1）评价原则

以潜山热储层为计算目的层,计算深度小于 3500m、温度高于 90℃ 的热储所储存的热能,计算天然积存量。

2）计算方法

采用国际常用的热储体积法计算地热资源量,其计算公式如下:

$$Q = CAd(T_r - T_j) \tag{3-1}$$

$$C = \rho_c C_c(1 - \phi) + \rho_w C_w \phi \tag{3-2}$$

式中　Q——地热资源总量,kJ;

　　　A——热储面积,m^2;

　　　d——热储厚度,m;

　　　T_r——热储层温度,℃;

　　　T_j——基础温度,计算中取本区年平均气温(15℃);

　　　C——热储岩石和水的平均体积比热容,kJ/($m^3 \cdot$℃);

　　　ρ_c, ρ_w——热储岩石和水的密度,kg/m^3;

　　　C_c, C_w——热储岩石和水的比热容,kcal/(kg $\cdot$ ℃);

　　　ϕ——热储岩石的孔隙度,%。

地下热水存储量的计算公式为:

$$W_总 = W_容 + W_弹 = V\phi + AS^*H \tag{3-3}$$

其中:
$$S^* = \rho_w g C_t d$$

式中　$W_总$——热水的总存储量,m^3;

　　　$W_容$——容积储量;

　　　$W_弹$——热水弹性储量;

　　　V——热水储层有效体积,m^3;

　　　ϕ——各热水储层岩石平均孔隙度,%;

　　　A——热储面积,m^2;

　　　H——热储层顶板算起的水头高度,m;

　　　S^*——热储层弹性释放系数,无量纲;

　　　g——重力加速度,本区取 9.81m/s^2;

　　　C_t——总压缩系数,Pa^{-1};

　　　d——热储厚度,m。

2. 计算区段的划分与计算参数的确定

热水储层采用体积法进行热资源量的计算,需确定的参数有计算区面积、储层厚度、有效孔隙度和储层温度。

1)计算面积

计算面积的确定是在潜山顶面构造图的基础上考虑了储层厚度、变化幅度、埋藏深度等差别,使所计算的热资源量尽可能准确,可分为几个计算单元。

潜山热田面积的确定以潜山顶面构造图为基础分区块进行,留路潜山以 3100m、留北潜山以 3500m 闭合深度分别进行地热田面积的圈定,计算出留路地热田面积 64.6km²,留北地热田面积 44.85km²(表 3-5)。

表3－5　留路地区地热田划分表

地热田名称	地热田分块及名称	面积（km²）
留路潜山	留16断块	29.8
	留13断块	10.4
	留89断块	24.4
留北潜山	留24断块	6.25
	马85断块	33
	马81断块	5.6

2）储层厚度

本区潜山储层主要由中—新元古界组成，根据区内揭开潜山厚度较多的25口井的电测资料分层统计电测解释的裂缝带厚度，作为潜山的储层，并求出裂缝带厚度占已揭开地层厚度的百分比，用已求得的储地比推算各井至计算深度的热储层厚度，再据单井储层厚度作出计算单元内的平面储层厚度等值线图，并用厚度加权法推算出各区块地热田潜山热储层厚度。留路—留北潜山储层厚度统计见表3－6。

表3－6　留路—留北潜山储层厚度统计表

井号	潜山顶界深度（m）	潜山底界深度（m）	揭开潜山厚度（m）	电测解释裂缝带厚度（m）	储地比（%）	推算热储层厚度（m）
留16	1701	3773	2072	—	—	—
留5	2238	2490.74	252.74	47.8	18.91	163
留13	1988	2166.12	178.12	—	—	—
留12	2072	2796.42	724.42	—	—	—
留15	1791.8	2180.8	389	40.4	10.4	136
留24	3236	3270	34	—	—	—
留65	3294	3346.21	52.21	15.2	29.1	60
留43	3341.5	3370.17	29.12	10.6	36.4	57
留10	3352	3366.3	14.3	—	—	—
留27	3361	3379.21	18.21	—	—	—
留32	3265	3295	30	—	—	—
新留21	3617.4	3690	72.6	23	31.7	—
留81	3350	3387	37	—	—	—
马85	2782	3223.71	441.71	321.8	72.9	377
马61	2435.5	2451.83	16.33	—	—	—
马19	2992.5	3094.03	101.53	34.6	34.1	173
马36	2705	2743.53	38.53	—	—	—
马39	2756	3007.41	251.41	24	10	74
马38	2308	2325.51	17.51	—	—	—

续表

井号	潜山顶界深度（m）	潜山底界深度（m）	揭开潜山厚度（m）	电测解释裂缝带厚度（m）	储地比（%）	推算热储层厚度（m）
马80	3396.5	3404.85	8.35	—	—	—
马81	3250	3360	110	62.2	56.5	141
间2	2810	2830.62	20.62	6.8	33	228
间112	2504	2520.54	16.54	—	—	—
留25	3279.5	3297.2	17.7	7.2	40.7	90
留26	3331	3351.1	20.1	5.6	27.9	47
留28	3221	3260	39	19.8	50.8	141
留44	3255	3308	53	24.2	45.7	112
新留检1	3240.6	3449.6	209	74.4	35.6	92
留67	3293	3308	15	7.2	48	99
留66	3367	3374	7	4.6	65.7	87
留55	3238	3328	90	49.6	55.1	144
留44	3260	3299	39	24.2	62.1	149
留42	3245	3274	29	24.4	84	214
留35	3257	3298	41	24.2	59	143
留30	3351	3365	14	10.6	75.7	112
留28	3228	3252	24	19.8	82.5	224
留26	3342	3351	9	5.6	62.2	98
留25	3288	3297	9	7.2	80	169

3）有效孔隙度

因受多种因素的影响，碳酸盐岩的储集类型种类较多，溶孔、洞、缝发育，非均质性明显。参照华北石油管理局1994年储量研究报告，产水较大的雾迷山组和高于庄组的有效孔隙度取6%。

4）储层温度

热储层的温度确定以钻孔实测温度为准。

根据留北潜山10口井的试油资料，平均地温120℃，潜山面地温梯度为3.5℃/100m，折算目前地温在116℃左右。留路潜山地温梯度4.2℃/100m，留13井静温96.62℃（表3-7）。

表3-7 留路地区潜山温度统计表

地区	井号	静温（℃）	流温（℃）	地温梯度（℃/100m）
留北	留10	—	122	—
	留24	119	119	3.34
	留32	123	125	—
	留32-2	—	115	—

地区	井号	静温(℃)	流温(℃)	地温梯度(℃/100m)
留北	留33	118	—	—
	留44	—	108	—
	留55	115	124	—
	留35	120	121	—
	留25	—	124	3.42
	留30	118	124	—
留路	留12	105.5	—	4.42
	留13	96.62	—	4.2
	路27	99	—	3.75

从留北潜山目前的 6 口正常生产井来看,平均站内温度为 86℃,温度最高的井为留 24 井,115℃,而该井的日产液量为 727m³(表 3 - 8)。从液量与温度的关系来看,液量与温度成正比。

表 3 - 8　留北潜山目前生产井温度统计表

井号	潜山揭开厚度(m)	裸眼厚度(m)	工作制度	日产液(m³)	日产油(t)	含水(%)	动液面(m)	井口温度(℃)	站内温度(℃)
留24	34	32.18	600m³ 电泵	727	17.9	97.5	356	115	112
留32	30	27.87	300m³ 电泵	387	9.1	97.6	0	110	106
留32 - 2	20	17.1	$\phi70mm \times 604m$	57.9	4	93.1	0	56	55
留33	11.26	8.24	$\phi70mm \times 605m$	117.3	2.6	97.8	0	91	98
新留52	65.5	18.5	$\phi70mm \times 591m$	80.5	4	95.0	0	73	65
留43	28.61	26.68	$\phi56mm \times 798m$	33.2	0	100	0	78	80
平均	31.6	21.8					59.3	87.2	86.0

3. 地热资源量计算结果及评价

1)地热资源量

按照前面确定的计算原则、方法和给定的各项参数,对潜山热田分区块进行了储量计算。留路地区地热田面积 64.6km²,分 3 块计算出基岩地热资源为 1.19×10^{18} J,地热水资源量为 $3.3 \times 10^8 m^3$;留北地区地热田面积 44.85km²,地热资源为 1.75×10^{18} J,地热水资源量为 $3.93 \times 10^8 m^3$(表 3 - 9)。

表 3 - 9　留路—留北地区潜山地热资源估算表

断块		面积(km²)	高点埋深(m)	幅度(m)	热储厚度(m)	热水温度(℃)	孔隙度(%)	地热能(10¹⁸J)	热水(10⁸m³)
留路	留16	29.8	1700	700	135.7	96	6	0.87	2.43
	留13	10.4	2100	300	81.6	96	6	0.18	0.50
	留89	24.4	2400	700	25	96	6	0.14	0.37
	小计	64.6						1.19	3.30

续表

断块		面积 （km²）	高点埋深 （m）	幅度 （m）	热储厚度 （m）	热水温度 （℃）	孔隙度 （%）	地热能 （10¹⁸J）	热水 （10⁸m³）
留北	留24	6.25	3000	500	71.6	116	6	0.12	0.27
	马85	33	2400	1100	161	116	6	1.42	3.19
	马81	5.6	3100	400	141	116	6	0.21	0.47
	小计	44.85						1.75	3.93

2）地热田评价

根据计算结果认为，留路潜山地热田中留16断块地热田面积大、埋藏浅，产水层顶面埋深小于2000m，地热资源量及热水量较大，属于经济型地热田；留北潜山地热田中马85断块地热田面积大，虽然产水层埋深2400～3500m，但这类地热田有早期为找油而钻的井孔，不需要再为钻井投资，地热资源量及热水量较大，属于经济型—亚经济型地热田。

四、开发现状

留北潜山油藏于1978年6月投入开发，同年10月注水，经历了产量上升、产量快速递减和产量缓慢递减3个阶段。截至2009年10月底，油藏总井数27口，平均揭开厚度58.7m，在开发过程中有5口井采取过抬高人工井底的措施，目前平均裸眼厚度30.84m。钻井过程中，有放空井1口，漏失井8口。27口井共解释裂缝段389.52m/113段，其中Ⅰ级裂缝286.32m/80段，Ⅱ级裂缝103.2m/33段。

油藏开发初期，单井最大产液量为730m³，最低为150m³/d左右。降压开发后，油藏产液量在1100m³/d左右，单井产液量明显下降。目前正常生产井6口，累计产油401.85×10⁴t，累计产水823.59×10⁴m³，累计注水1510.67×10⁴m³；地质储量采出程度18.24%，可采储量采出程度95.9%，目前日产液1660.9t，日产油36.7t，含水97.8%，油藏进入特高含水开发阶段。

五、单井最大产液量预测

根据油藏理论公式计算留北潜山单井的最大产液量。

最大产液量公式：

$$Q_{max} = a_o a_1 \Delta p \tag{3-4}$$

式中　a_o——油井见水前采液指数；

　　　a_1——无量纲采液指数，取值1；

　　　Δp——最大生产压差，MPa。

根据表3-10和图3-4，无量纲采液指数取值为1，再用式（3-4）计算出留北潜山油藏23口油井的最大产液量，平均油藏的最大产液量为827t（表3-11）。

表3-10　留北潜山压力及采液指数统计表

生产时间	日产液（t）	日产油（t）	含水（%）	静压（MPa）	流压（MPa）	生产压差（MPa）	采液指数（t/MPa）	采油指数（t/MPa）	无量纲采液指数	无量纲采油指数
见水前	1320	1320	0.0	32.83	32.55	0.28	165	165	1	1
1978年	1167	1030	11.7	31.73	30.41	1.32	80	71	0.5	0.4
1979年	2603	2224	14.6	31.63	29.98	1.65	105	90	0.6	0.5

续表

生产时间	日产液(t)	日产油（t）	含水（%）	静压（MPa）	流压（MPa）	生产压差（MPa）	采液指数（t/MPa）	采油指数（t/MPa）	无量纲采液指数	无量纲采油指数
1980 年	2479	1888	23.8	31.93	30.78	1.15	144	109	0.9	0.7
1981 年	1367	891	34.8	31.90	31.30	0.60	163	106	1.0	0.6
1982 年	1200	772	35.7	32.11	31.55	0.56	126	81	0.8	0.5
1983 年	1183	702	40.7	31.97	31.51	0.46	143	85	0.9	0.5
1984 年	975	578	40.7	31.99	31.63	0.36	159	94	1.0	0.6
1985 年	1013	512	49.5	31.70	31.25	0.45	132	67	0.8	0.4
1986 年	1033	492	52.4	31.78	31.35	0.43	150	72	0.9	0.4
1987 年	1399	551	60.6	31.62	31.15	0.47	165	65	1.0	0.4
1988 年	1275	338	73.5	31.49	31.42	0.07	1071	284	—	—
1989 年	1037	190	81.7	31.30	30.92	0.38	171	31	1.0	0.2
1990 年	925	159	82.8	31.22	30.82	0.40	165	28	1.0	0.2
1991 年	965	119	87.7	31.14	30.74	0.40	171	21	1.0	0.1
1992 年	980	85	91.3	30.93	30.50	0.43	177	15	1.1	0.1
1993 年	837	75	91.0	31.26	30.89	0.37	174	16	1.1	0.1
1994 年	725	52	92.8	31.63	31.28	0.35	171	12	1.0	0.1
1995 年	610	54	92.3	31.46	31.00	0.46	167	15	1.0	0.1
1996 年	727	75	92.3	30.44	29.86	0.58	179	18	1.1	0.1
1997 年	785	65	93.1	30.83	30.30	0.53	185	15	1.1	0.1

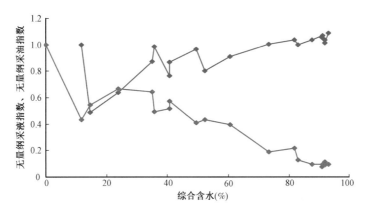

图 3 - 4　留北潜山油藏实际生产中含水与无量纲采液、采油指数关系图

蓝线—采液指数；红线—采油指数

表3-11 留北潜山油藏油井最大产液量预测表

| 井号 | 裸眼厚度（m） | 裂缝（m/条） | | 钻井漏失情况 | 产液强度 | 开发初期 | | | 单井最大产液量预测（t） |
		主要裂缝带	次要裂缝带			日产液（t）	生产压差（MPa）	采液指数（t/MPa）	
留35	25.38	13.2/3	11/6	3285~3295m，漏失60m³	12.12	400	1.3	308	1538
留25	15.08	3.6/2	3.2/2		17.98	407	1.5	271	1355
留28	17.06	21.6/4	5.8/4		15.71	402	1.5	268	1340
留33	8.24	—		米，放空后漏失，未计量	32.50	321	1.2	268	1338
留44	50.41	11.4/3	12.8/3	3285~3289m，漏失钻井液5m³	4.31	109	0.5	217	1086
留26	17.25	5.51/2	—		12.18	420	2.0	210	1050
留24	32.18	—	—	3240m下套管时漏钻井液12m³3241~3270	5.62	724	4.0	181	905
留32	27.87	—	—		6.46	180	1.0	180	900
留43	26.68	10.6/3	—	3370.17m漏失钻井液70m³	6.25	100	0.6	167	833
新留检1	110.2	15.2/2	59.2/17		1.41	155	1.0	155	775
留27	16.2	11.21/3	—	钻至3379.21m起钻漏失钻井液160m³	9.49	123	0.8	154	769
留10	10.70	—	—		14.02	150	1.0	150	750
留29	13.1	6.4/2			11.23	103	0.7	147	736
留66	31.05	5.4/4			4.62	43	0.3	143	717
新留52	18.50	33/6	11/2		7.57	42	0.3	140	700
留51	10.53	8.8/3	17.2/4		13.17	42	0.3	139	693
留30	16.55	4.8/3	5.0/3		8.16	108	0.8	135	675
留检3	16.67	33.8/8	—	3293~3295m漏失钻井液	7.08	118	1.0	118	590
留67	33.37	7.2/3			2.73	73	0.8	91	456
留32-2	17.102	—	20/1		1.28	44	2.0	88	440
留42	35.93	24.4/4	—		2.00	36	0.5	72	360
留65	48.93	15.2/7	—		1.23	36	0.6	60	300
留55	11.0	49.6/13	—		3.45	57	1.5	38	190
23口井	27.65				8.72	182	1.1	165	827

注：留32-3井无生产数据，因此只统计了其他23口井数据。

第二节　大排量提液和回注先导试验

为了检验单井提液和回注能力以及提液升温和增油效果,在留北潜山选择 3 口排液试验井(分别为留 24 井、新留检 1 井和留 44 井)和 1 口回注井(留 27 井)开展了大排量提液和回注先导试验。

一、留 24 井

留 24 井进山深度 3236m,完钻井深 3270m,揭开雾迷山组厚度 34m,该井于 1978 年 6 月投产,生产井段 3237.8～3270.0m,初期日产液 723t,日产油 700t,经过 3 年的产量快速递减后,一直保持稳定生产到缓慢递减,到 2006 年 8 月该井日产液 54.2t,日产油 1.4t。2006 年 9 月进行大排量试验,采用排量 600m³ 电泵,泵深 608m,提液后日产液量由 54.2t 上升到 727t,日产油量由 1.4t 上升到 16.5t,井口温度由 54℃ 上升到 115℃,含水保持在 97.5% 左右,平均日增油 15.1t。2009 年 9 月该井因电器故障停产,停产前(2009 年 7 月)日产液 674t,日产油 12.6t,含水 98.1%,站温 112℃。留 24 井开采曲线及其提液后生产曲线如图 3－5 和图 3－6 所示。

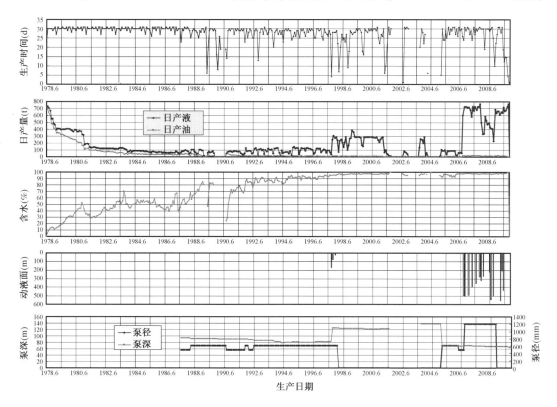

图 3－5　留 24 井开采曲线

二、新留检 1 井

新留检 1 井进山深度 3232m,完钻井深 3470m,揭开雾迷山组厚度 238m,该井与 1987 年 4

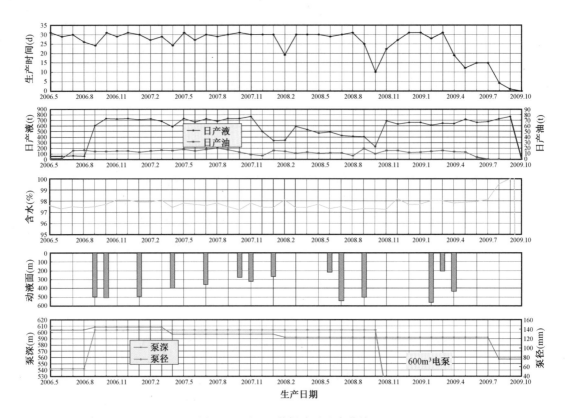

图 3-6　留 24 井提液后生产曲线

月由观察井改为抽油井,生产井段 3236.0~3470.0m,油井产量较低,1993 年 2 月无液停产。2008 年 9 月 26 日进行提液试验,其中从 9 月 26 日—10 月 2 日采用 600m³ 电泵生产,泵深 700m,日产液量 565~949.5t,日产油量 21.5~84.7t,含水 90.1%~97%,产量和含水变化较快;10 月 13 日—11 月 2 日采用 800m³ 电泵生产,日产液量 678.4~1519t,日产油量 5.39~25.18t,含水 97.4%~98.5%,从新留检 1 井生产曲线(图 3-7)中可以看出,生产初期日产油量较高,但日产油量递减较快,含水上升较快;换大泵生产后油井产液量有较大幅度提高,含水也随之增加,日产油量明显小于换泵前;在采用 800m³ 泵生产过程中,初期日产液量基本保持在 1400t 左右,产油量和含水也保持稳定,10 月份平均日产液 1385t,日产油 12.2t,动液面 37m,含水 98.7%,进站温度 114℃。11 月 2 日该井因电泵故障停产。2009 年 4—5 月,该井又开井,采用 1000m³ 电泵生产,2009 年 5 月 22 日因井下故障停产,停产前(2009 年 5 月)日产液 1176t,日产油 24.7t,动液面 154.6m,含水 97.9%(图 3-8)。

三、留 44 井

留 44 井进山深度 3257.6m,完钻井深 3308.0m,揭开雾迷山组厚度 50.4m,该井于 1979 年 12 月投产,生产井段 3257.6~3308.0m,初期日产油 120t,无水采油期较长,8 年后见水,见水后含水上升较快,日产油下降,但日产液量明显上升。2005 年 5 月之前一直自喷生产,6 月改用抽油机抽油,2008 年 11 月 22 日进行大排量试验,采用排量 600m³ 电泵,泵深 794.52m,提液后日产液量由 49t 上升到 821.6t,日产油量由 1.6t 上升到 15.1t,进站温度由 77℃上升到

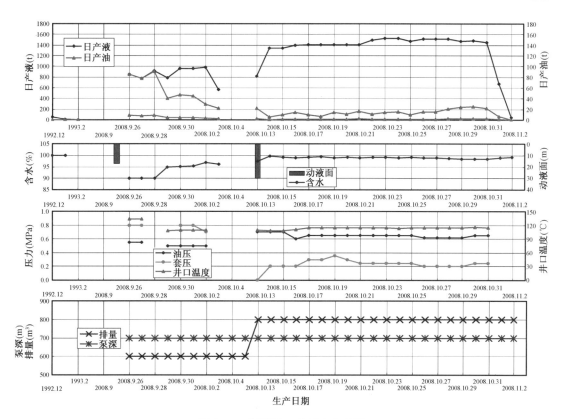

图 3 - 7　新留检 1 井日生产曲线

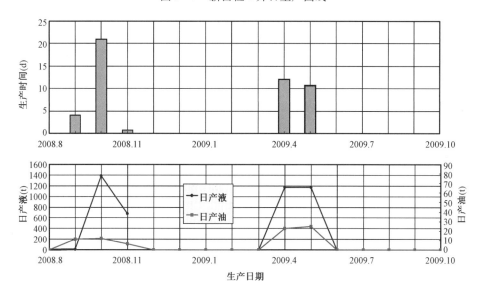

图 3 - 8　新留检 1 井月生产曲线

110℃,含水由 96.8% 上升到 98.2%,日增油 13.5t。2009 年 10 月该井日产液 852t,日产油
22t,含水 97.4%,进站温度 110℃,动液面一直在井口,油井生产状况比较好。留 44 井生产曲
线及其提液后生产曲线如图 3 - 9 和图 3 - 10 所示。

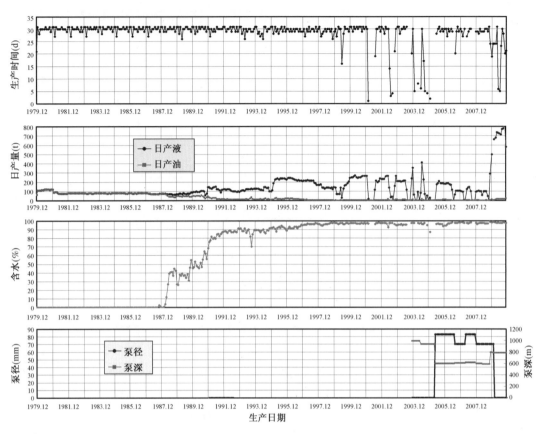

图 3-9　留 44 井生产曲线

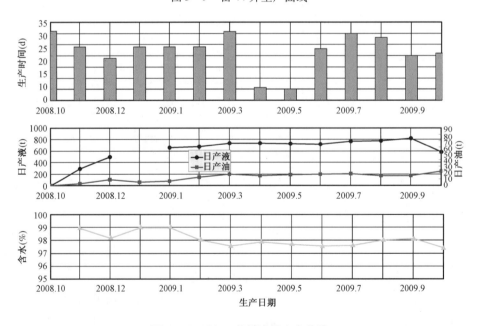

图 3-10　留 44 井提液后生产曲线

根据提液井提液后的生产情况,结合注水井留 27 井的注水状况、观察井留 51 井的压力温度变化情况以及目前生产井的整体情况,得出以下几点认识:

(1)大排量提液后,站内温度比提液前上升幅度较大,但在液量较高的情况下,温度受液量的影响较小。

3 口提液井提液后,井口温度上升较大,留 24 井提液后日产液由 54.2t 上升到 727t,井口温度由 54℃ 上升到 115℃;新留检 1 井为报废井再利用,2008 年 10 月平均日产液 1385.2t,平均井口温度为 114℃;留 44 井提液后日产液由 49.1t 上升到 821.6t,井口温度由 77℃ 上升到 110℃(表 3 – 12)。另外,留 32 井自 2003 年 9 月采用 300m³ 电动潜油泵生产,油井日产液量一直保持在 350 ~ 450t,井口温度一直保持在 112℃ 左右。

表 3 – 12 留北潜山提液井提液前后温度变化统计表

井号	提液时间	提液前		提液后		备注
		日产液(t)	温度(℃)	日产液(t)	温度(℃)	
留 24	2006.9	54.2	54	727	115	
新留检 1	2008.9	报废井		1385.2	114	2008 年 11 月泵坏停产,取 2008 年 10 月数据
留 44	2008.11	49.1	77	821.6	110	
平均		51.7	65.5	977.9	113.0	

从目前生产井站内温度统计表和留北潜山产液量与温度关系曲线(图 3 – 11)中均可以看出,井口温度及站内温度随产液量的增加而增加,当产液量较低时,温度随着产液量的增加快速上升;当产液量较高时,站内温度随产液量上升后的上升幅度较小。从曲线中可以看出,温度与产液量呈对数关系上升趋势,从大排量提液井的站内温度变化可以看出,油井大排量提液后,井口温度基本保持稳定(在 110℃ 左右),受排液量影响较小。

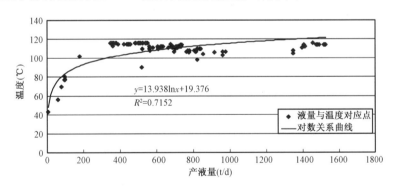

图 3 – 11 留北潜山产液量与温度关系曲线

(2)大排量提液后,日增油效果明显,提液效果较好。

留 24 井提液后日增油 15.1t;新留检 1 井为报废井再利用,提液后日增油 12.2t,含水 98%;留 44 井提液后日增油 13.5t。总体看来,提液后日增油效果明显,提液效果较好(表 3 – 13)。

表 3 – 13　留北潜山提液情况统计表

井号	提液时间	提液前			提液后			日增油 (t)
		日产液(t)	日产油(t)	含水(%)	日产液(t)	日产油(t)	含水(%)	
留24	2006.9	54.2	1.4	97.4	727	16.5	97.7	15.1
新留检1	2008.9	报废井			1385	12.2	98.7	12.2
留44	2008.11	49.1	1.6	96.8	821.6	15.1	98.2	13.5
平均		51.7	1.5	97.1	977.9	14.6	98.2	13.6

（3）地层能量保持状况比较好,供液能力比较充足。

从生产时间较长的留24井提液情况看,提液后动液面由井口下降至498m,但对该井关井1h后,又出现井口自溢的现象。2007年12月油井产量减小后,动液面缓慢上升;从留44井的生产情况看,该井从2008年11月开始提液后,动液面一直保持在井口;从距离留24井700m的留51井的测压资料可以看出,留24井提液后,留51井压力出现缓慢的下降趋势,但是留24井在2007年3月30—31日由于泵坏关井两天,留51井压力迅速回升,这些均说明留北潜山的能量保持状况较好,供液能力比较充足。

（4）油层连通性好,注水井大量回注后地层压力明显上升,单井回注效果较好（图3 – 12）。

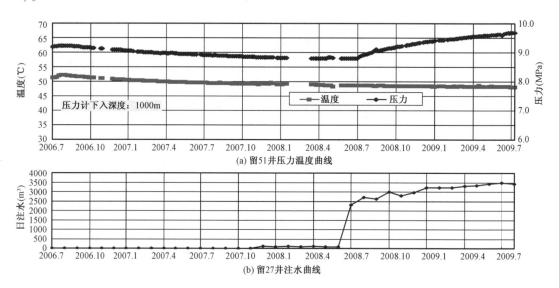

图 3 – 12　注水与地热井压力、温度变化关系

离留51井2000m的注水井留27井于2008年7月增加地层水回注量,日注水量由增注前的100m³提高到2319m³。新留检1井地层压力快速回升,由增注前的8.795MPa提高到2009年7月的9.688MPa。留27井对应的油井留24井动液面开始回升,到2009年5月留24井动液面上升到井口,留44井提液后动液面也一直保持在井口,说明留北潜山连通性好,注水井回注效果较好。留24井、留44井和新留检1井大排量提液对油藏的能量影响不大,并且可通过增注及时补充地层能量,使油井长期保持较高的产液量。

（5）电动潜油泵举升效果较好。

在留北潜山分别试验了 $600m^3 - 600m,800m^3 - 800m$ 和 $1000m^3 - 1000m$ 3 种规格的电动潜油泵。其中 $600m^3 - 600m$ 规格的电泵进行了 3 口井的试验应用,留 24 井平均产液量达到 727t/d,新留检 1 井平均产液量达到 755t/d,留 44 井平均产液量达到 837t/d,3 口井平均产液量为 773t/d;$800m^3 - 800m$ 规格的电泵进行了 1 口井的试验应用,平均产液量达到 1100t/d;$1000m^3 - 1000m$ 规格的电泵进行了 1 口井的试验应用,平均产液量达到 1176t/d,举升效果较好。表 3 - 14 列出了 3 种规格的电动潜油泵的增液效果和检泵周期数据。

表 3 - 14　电动潜油泵增液效果对比表

泵排量 （m^3/d）	平均产液量（m^3/d）		平均增液 （m^3/d）	检泵周期 （d）
	换泵前	换泵后		
600	55	773	718	200
800	55	1100	1045	异常
1000	55	1176	1121	30

第三节　留北潜山数值模拟研究

一、机理研究

为了研究参数对温度的影响,建立了机理模型。

1. 模型建立

1200m×1200m,一注一采,井距 300m,模型参数按留北给出,注入水温度 58℃。

2. 方案计算

方案 1:模型只有一层,日注采 250m^3。

方案 2:模型同方案 1,但两井之间渗透率增大 6 倍。

方案 3:模型同方案 1,但日注采量为 25m^3。

方案 4:模型变为 10 层,水油体积比为 1,日注采 250m^3。

方案 5:模型同方案 4,但两井之间渗透率增大 6 倍。

方案 6:模型同方案 4,但水油体积比为 200,日注采 250m^3。

方案 7:同方案 6,但日注采 2500m^3。

方案 8:同方案 7,但注水井段在原始油水界面以下。

3. 方案对比

通过方案对比可得到以下认识:

（1）沿渗透率高的方向温度下降较快（图 3 - 13）。

（2）温度的变化和日注量的大小有密切的关系,无论是大模型还是小模型,如果日注量不同,即使累计注入量相同,注水井及其周围的温度也会有差异,日注量越大,注水井周围温度变化越大（图 3 - 14、图 3 - 15）。

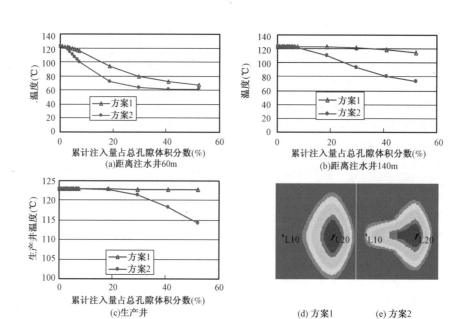

(a)距离注水井60m (b)距离注水井140m

(c)生产井 (d) 方案1 (e) 方案2

图 3－13　不同渗透率方案的温度变化曲线（小模型）

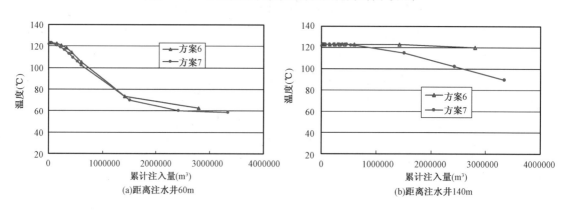

(a)距离注水井60m (b)距离注水井140m

图 3－14　日注量不同方案的温度变化曲线（大模型）

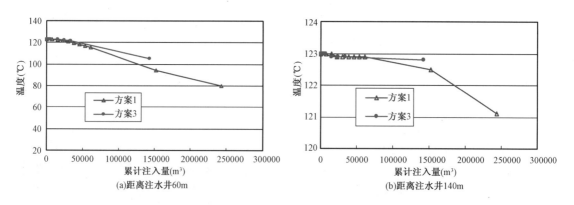

(a)距离注水井60m (b)距离注水井140m

图 3－15　日注量不同方案的温度变化曲线（小模型）

（3）注水井周围的温度变化与注水方式有关（图3－16），对比方案7和方案8可以看出，在油水界面以下注水的方案，由于水体能量很大，低温水注入后对周围温度影响较小，对上面的排液井几乎没有影响。利用留北潜山油藏模型也计算了不同注水井段的方案，油水界面以下注水的方案对周围温度影响较小（图3－17）。

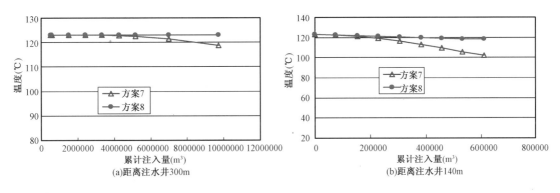

图3－16 注水方式不同方案的温度变化曲线（模型相同）

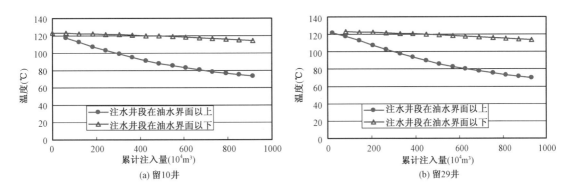

图3－17 不同注采井段温度变化曲线

通过机理研究建议：留北潜山油藏地热利用时油水井需要保持一定的距离，注入井尽量在边部、底部注水。

二、留北潜山油藏地质模型的建立

为了研究留北潜山单井最大排液量、大排量注采后地温场的变化以及大排量提液对采收率的影响等问题，建立了留北潜山油藏的地质模型。

留北潜山位于饶阳凹陷东部，属于留路潜山下降盘的潜山。西部以河间—留路断层为界，下降盘是饶阳凹陷的主要生油洼槽——河间西洼槽，东部靠鞍部与献县低凸起连接。南部以断层与留路潜山分界，北部以鞍部与河间潜山分隔。含油层位为雾迷山组，有效厚度116m，储集类型为裂缝—孔洞型，从渗流特征上看，具有裂缝系统和岩块系统双重孔隙介质特征。其中裂缝系统具有低孔隙度、高渗透率的特点，不仅能储油，而且是油流的主要通道，水驱油近似于活塞式驱替；而岩块系统的孔隙度相对较高，但渗透性差。它是主要的储油空间，在水驱条件下驱油过程以自吸为主。

根据留北潜山油藏的特点，采用CMG软件的STARS建立了留北潜山油藏的地质模型。

数学模型中的油藏被离散为两个搭配在一起的连续域(位于同一空间的两套网格),一个是岩块,另一个是裂缝。在计算的网格中,岩块与裂缝间的传导由一个单独的流动项表示,油藏的流动通过裂缝网格产生。

(1)网格划分:网格形状为角点网格,平面网格大小 40m,纵向上 20m 一层,为了描述底水对油藏的影响,将数值模拟计算工区范围放大至油水界面(3450m)以外的等值线。网格划分见图 3-18。

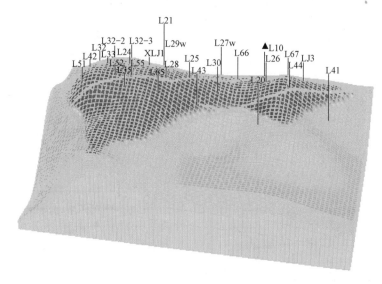

图 3-18   留北潜山油藏数值模拟三维网格划分图

(2)参数的输入。对于所划分的每一个网格节点,都要赋予其顶面深度、有效厚度、孔隙度、渗透率等地层参数。其中顶面深度依据潜山顶面构造等值线图,通过内插方法给网格赋值,对于孔隙度、渗透率则采用平均值,通过生产历史拟合再进行修改。

(3)流体性质和高压物性参数。计算过程中的流体性质和高压物性参数均采用各种单井测试和分析化验的结果,见表 3-15。

表 3-15   潜山原油流体物性参数分析结果统计表

流体性质		高压物性参数	
地面原油相对密度	0.8391	原始油层压力(MPa)	32.9
地层原油密度(g/cm^3)	0.7795	饱和压力(MPa)	1.3
原油含蜡量(%)	20.30	原油体积系数	1.0835
原油含硫量(%)	0.05	原油压缩系数(MPa)	9.84×10^{-4}
原油含胶质沥青(%)	10.8	原始气油比(m^3/t)	6
原油凝固点(℃)	38	地层原油黏度(mPa·s)	1.85
地层水矿化度(mg/L)	5350	油层温度(℃)	123
地层水黏度(mPa·s)	0.26		
氯离子含量(mg/L)	2562		
水型	NaHCO₃		

（4）油水相对渗透率曲线。留北潜山油藏没有实验的相对渗透率曲线,借用任丘雾迷山油藏相对渗透率数据,通过拟合油井的开采动态对相对渗透率曲线做了适当调整(图3-19、图3-20)。

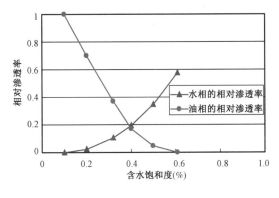

图3-19 裂缝系统油水相对渗透率曲线　　　图3-20 岩块系统油水相对渗透率曲线

（5）单井动态数据。模型中采用定单井产液量计算,即将实际的单井产油量、产水量及注水量按每月一个点输入模型中进行计算。拟合时间为1977年4月(投产)至2009年6月。

三、生产历史拟合

数值模拟计算结果由输入的油藏描述数据和生产动态数据决定。输入的数据符合地下实际情况,计算出的结果也就较准确;相反,输入的数据不符合地下实际情况,计算出的结果偏差就大,甚至不可用。由于地层深埋地下,油层参数的平面分布很难准确求得,尤其是孔隙度和渗透率的分布,因此,我们要通过油藏开发历史的拟合来修正建立的地质模型,使建立的地质模型符合油藏的实际情况。通过对油藏开发历史及生产动态的分析和数十次参数调整的拟合计算,对油藏的原始地质储量以及从投产至2009年6月的产量、含水、压力等指标进行了拟合,取得了较为满意的结果(图3-21至图3-23)。

通过对油藏动态和压力的拟合后得到的油藏水体体积大约为油体积的200倍。

四、方案计算

1. 基础方案

在生产历史拟合的基础上,目前生产的5口井按2009年6月产液量、注水量、目前井段❶生产,预测10年开发指标(表3-16)。

2. 提液方案

留北潜山提液增油方案指标对比见表3-17,提液10年累计增油量如图3-24所示。

---

❶ "目前井段"是指钻遇潜山的深度,每口井不一样。目前,留24井生产井段为3237.82~3270.00m,留32井生产井段为3267.13~3295.00m,留44井生产井段为3257.55~3307.96m,新留52井生产井段为3219.65~3238.25,新留检1井生产井段为3236.1~3346.3m。由于能满足提液要求,对这几口井的井段再没有加深钻井,因此井段没有发生变化。

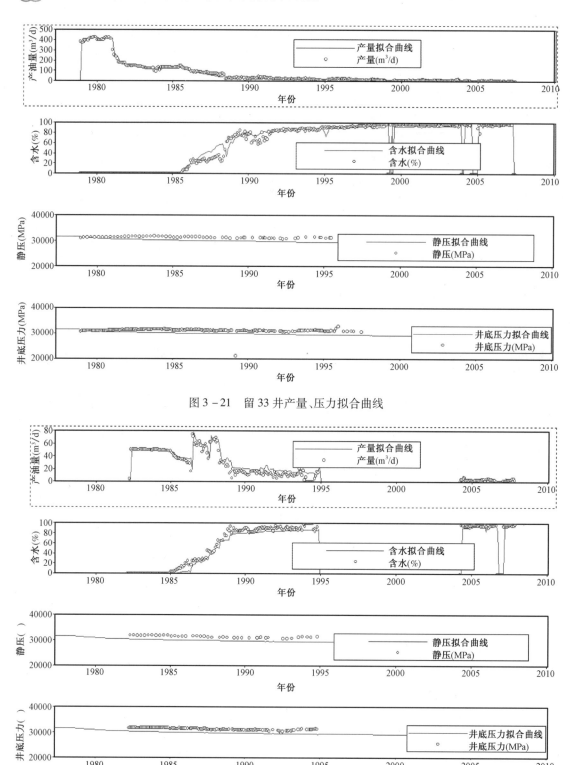

图 3 - 21　留 33 井产量、压力拟合曲线

图 3 - 22　留 52 井产量、压力拟合曲线

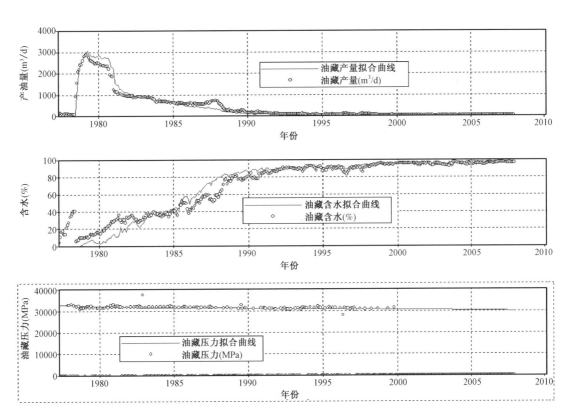

图 3 - 23 留北潜山油藏产量、含水、压力拟合曲线

表 3 - 16 留北潜山油藏基础方案指标预测

开采时间 （a）	生产井数 （口）	注水井数 （口）	日产油 （t）	累计产油 （10⁴t）	日产水 （m³）	累计产水 （10⁴m³）	日注水 （m³）	累计注水 （10⁴m³）	采出程度 （%）	含水 （%）	压力 （MPa）
2009.6	5	1	56.04	414.70	1485.7	823.8	3415.8	510.4	18.8	96.4	31.7
1	5	1	52.76	416.63	1489.6	878.2	3415.8	635.1	18.9	96.6	32.3
2	5	1	45.24	418.28	1498.6	932.9	3415.8	759.7	19.0	96.9	32.9
3	5	1	40.12	419.74	1509.0	988.0	3415.8	884.7	19.1	97.1	33.3
4	5	1	36.51	421.08	1509.0	1043.0	3415.8	1009.4	19.1	97.4	33.7
5	5	1	33.77	422.31	1512.3	1098.2	3415.8	1134.1	19.2	97.6	34.1
6	5	1	31.49	423.46	1515.1	1153.5	3415.8	1258.8	19.2	98.0	34.3
7	5	1	29.68	424.54	1521.4	1209.1	3415.8	1383.8	19.3	98.1	34.6
8	5	1	28.05	425.56	1518.9	1264.5	3415.8	1508.5	19.3	98.2	34.8
9	5	1	26.58	426.53	1521.1	1320.0	3415.8	1633.1	19.4	98.3	35.0
10	5	1	25.15	427.45	1522.5	1375.6	3415.8	1757.8	19.4	98.4	35.1

表 3-17　留北潜山提液增油方案指标对比

方案			油井数（口）	水井数（口）	第一年			第十年			
					平均日产油(t)	含水（%）	年产油（10⁴t）	日产油（t）	累计产油（10⁴t）	增油量（10⁴t）	含水（%）
方案一：基础方案	维持目前井数和产液注水		6	1	52.76	96.58	1.93	25.15	427.45	0.00	98.37
方案二：全部井采液	2-1：14口井均采	2-1-1：4口井均采均注	14	4	105.70	98.24	3.86	38.90	436.70	9.25	99.36
		2-1-2：东2口井均注	14	2	105.63	98.25	3.86	38.53	436.66	9.21	99.36
		2-1-3：西2口井均注	14	2	105.84	98.24	3.86	38.81	436.68	9.23	99.36
		2-1-4：东西2口井轮注	2-1-4-1：轮换周期一年	14	2	105.84	98.24	3.86	38.94	436.70	9.25	99.35
			2-1-4-2：轮换周期半年	14	2	105.81	98.24	3.86	38.94	436.70	9.25	99.35
			2-1-4-3：轮换周期3个月	14	2	105.82	98.24	3.86	38.93	436.70	9.25	99.35
			2-1-4-4：轮换周期1个月	14	2	105.83	98.24	3.86	38.92	436.69	9.24	99.35
	2-2：14口井不均采	2-2-1：考虑不同液量（7对7，潜力井大排量提液）	14	4	111.61	98.15	4.07	40.09	437.65	10.20	99.34
		2-2-2：考虑不同液量（7对7，潜力井小排量提液）	14	4	88.28	98.53	3.22	32.85	433.02	5.57	99.46
		2-2-3：东5口，西9口，东西不同液量，东（60%）	14	4	94.46	98.44	3.45	33.89	433.42	5.97	99.44
		2-2-4：东5口，西9口，东西不同液量，东（40%）	14	4	103.86	98.27	3.79	38.07	436.20	8.75	99.37
方案三：部分井采液	3-1：西山头采，东山头停	3-1-1：4口井注	9	4	118.05	98.04	4.31	44.07	439.45	12.00	99.27
		3-1-2：东2口井均注	9	2	118.09	98.04	4.31	43.86	439.35	11.90	99.27
		3-1-3：西2口井均注	9	2	118.05	98.04	4.31	43.15	439.39	11.94	99.28
	3-2：东山头采，西山头停	3-2-1：4口井注	5	4	53.91	99.11	1.97	8.69	422.94	-4.51	99.86
		3-2-2：东2口井均注	5	2	53.79	99.11	1.96	7.86	422.84	-4.61	99.87
		3-2-3：西2口井均注	5	2	54.05	99.10	1.97	9.66	423.05	-4.40	99.84

续表

方案			油井数（口）	水井数（口）	第一年			第十年			
					平均日产油(t)	含水(%)	年产油(10^4t)	日产油(t)	累计产油(10^4t)	增油量(10^4t)	含水(%)
方案三：部分井采液	3-3：东西轮换均采，东西轮换均注	3-3-1：东采东注,西采西注	9:5	2	100.60	98.33	3.67	35.98	435.22	7.77	99.40
		3-3-2：东采西注,西采东注	9:5	2	100.83	98.33	3.68	36.12	435.26	7.81	99.40
		3-3-3：东采东注,西采东注	9:5	2	100.60	98.33	3.67	35.33	435.17	7.72	99.41
		3-3-4：东采西注,西采西注	9:5	2	100.85	98.33	3.68	36.44	435.27	7.82	99.40
	3-4：东西组合	3-4-1:8口采液井（根据潜力大）	8	4	124.97	97.92	4.56	41.77	440.30	12.85	99.31
		3-4-2:9口采液井（根据潜力大）	9	4	120.37	98.00	4.39	42.92	439.93	12.48	99.29
		3-4-3:10口采液井（根据潜力大）	10	4	122.42	97.97	4.47	41.61	439.37	11.92	99.31
		3-4-4:8口提液井,4口回注井,周期注水	8	4	125.52	97.91	4.58	42.44	440.52	13.07	99.30
	3-5：东西组合轮采	3-5-1:保持10口井提液,轮换周期一年	10	4	109.20	98.19	3.99	34.83	438.61	11.16	99.42
		3-5-2:保持9口提液,轮换周期一年	9	4	118.03	98.05	4.31	35.49	438.95	11.50	99.41
		3-5-3:保持5口井提液,轮换周期一年	5:5	4	109.20	98.19	3.99	34.83	439.69	12.24	99.42
		3-5-4:保持5口井提液,轮换周期半年	5:5	4	120.83	97.99	4.41	42.81	439.77	12.32	99.29
		3-5-5:保持5口井提液,轮换周期3个月	5:5	4	125.94	97.91	4.60	42.62	439.87	12.42	99.29
		3-5-6:保持5口井提液,轮换周期1个月	5:5	4	123.98	97.94	4.53	42.51	439.75	12.30	99.30
	3-6:3口提液井,均采,4口井均注		3	4	101.70	98.31	3.71	35.79	436.16	8.71	99.41

3. 油藏提液后温度、压力的变化(热力学模型)

留北潜山留55井岩心实验分析数据见表3-18。

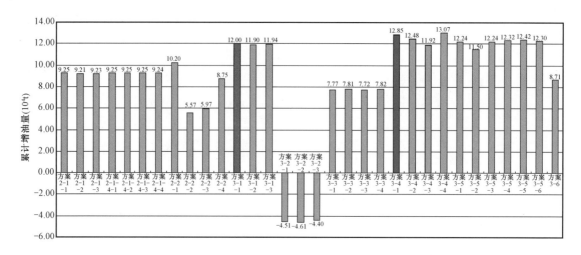

图 3 - 24　提液 10 年累计增油量

表 3 - 18　留北潜山留 55 井岩心实验分析数据

成分	温度（℃）	孔隙度（%）	渗透率（mD）	残余油饱和度	固液表面张力（mN/m）	比热容[J/(g·℃)]	导热系数[W/(m·℃)]
20%石英 + 1%斜长石 + 79%白云石	93	0.088	0.002735	0.621	27.33	0.8455	3.014
23%石英 + 1%重晶石 + 76%白云石	93	1.383	0.013426	0.607	27.31	0.8476	3.0495
17%石英 + 1%斜长石 + 82%白云石	93	1.462	0.00149	0.712	27.36	0.8574	2.8069
21%石英 + 1%斜长石 + 78%白云石	93	0.963	0.008469	0.653	27.38	0.8503	2.9932
16%石英 + 1%方解石 + 83%白云石	93	0.881	0.004373	0.638	27.4	0.8559	2.8089

基础方案：在生产历史拟合的基础上，目前生产的 5 口井按 2009 年 6 月产液量、注水量、目前井段生产，预测 10 年开发指标(表 3 - 19)。

表3-19 留北潜山油藏基础方案指标预测

开采时间 （a）	生产井数 （口）	注水井数 （口）	日产油 （t）	年产油 （10^4t）	累计产油 （10^4t）	日产水 （m^3）	累计产水 （10^4m^3）	日注水 （m^3）	累计注水 （10^4m^3）	采出程度 （%）	含水 （%）	压力 （MPa）
0	5	1	52.30	—	416.10	1490.2	823.0	3415.8	510.7	18.89	96.61	30.38
1	5	1	42.05	1.71	417.81	1502.4	877.6	3415.8	635.4	18.97	97.28	30.55
2	5	1	35.17	1.39	419.20	1510.6	932.6	3415.8	760.1	19.03	97.72	30.71
3	5	1	30.22	1.19	420.39	1516.5	988.0	3415.8	885.1	19.08	98.05	30.87
4	5	1	22.81	0.97	421.36	1525.3	1043.5	3415.8	1009.8	19.13	98.53	31.03
5	5	1	17.38	0.71	422.07	1531.8	1099.3	3415.8	1134.4	19.16	98.88	31.20
6	5	1	14.76	0.57	422.65	1534.9	1155.3	3415.8	1259.1	19.18	99.05	31.36
7	5	1	12.86	0.50	423.15	1537.2	1211.6	3415.8	1384.1	19.21	99.17	31.52
8	5	1	11.59	0.44	423.59	1538.7	1267.7	3415.8	1508.8	19.23	99.25	31.68
9	5	1	10.70	0.41	423.99	1539.8	1323.9	3415.8	1633.5	19.25	99.31	31.84
10	5	1	9.85	0.37	424.37	1540.8	1380.1	3415.8	1758.2	19.26	99.36	32.01

注：2009年6月为起始时间。

10口排液井、3口回注井、目前井段生产，下泵深度最大为800m，沉没度为300m，计算了两个方案，分别为单井日产液量6000m^3和10000m^3，产出水全部回注，预测10年开发指标（表3-20、表3-21）。

表3-20 留北潜山油藏地热开发利用油藏提液6000m^3/d的方案指标预测

开采时间 （a）	生产井数 （口）	注水井数 （口）	日产油 （t）	年产油 （10^4t）	累计产油 （10^4t）	日产水 （m^3）	累计产水 （10^4m^3）	日注水 （m^3）	累计注水 （10^4m^3）	采出程度 （%）	含水 （%）	压力 （MPa）
0	5	1	52.30	—	416.10	1490.2	823.0	3415.8	510.7	18.89	96.61	30.38
1	10	3	92.69	4.65	420.74	5929.9	1037.9	6004.0	729.9	19.10	98.46	30.36
2	10	3	77.28	3.41	424.15	5948.2	1254.2	6004.0	949.0	19.25	98.72	30.36
3	10	3	61.09	2.81	426.96	5967.5	1472.0	6004.0	1168.8	19.38	98.99	30.36
4	10	3	42.94	1.96	428.92	5989.2	1690.2	6004.0	1387.9	19.47	99.29	30.35
5	10	3	31.93	1.41	430.33	6002.3	1909.0	6004.0	1607.1	19.53	99.47	30.35
6	10	3	26.08	1.07	431.40	6009.3	2128.2	6004.0	1826.0	19.58	99.57	30.35
7	10	3	19.51	0.82	432.22	6017.1	2348.3	6004.0	2046.0	19.62	99.68	30.34
8	10	3	14.57	0.61	432.83	6023.0	2568.0	6004.0	2265.1	19.65	99.76	30.34
9	10	3	12.60	0.49	433.32	6025.3	2787.9	6004.0	2484.2	19.67	99.79	30.34
10	10	3	11.21	0.43	433.75	6027.1	3007.9	6004.0	2703.4	19.69	99.81	30.33

注：2009年6月为起始时间。

表3-21　留北潜山油藏地热开发利用油藏提液10000m³/d的方案指标预测

开采时间 （a）	生产井数 （口）	注水井数 （口）	日产油 （t）	年产油 （10⁴t）	累计产油 （10⁴t）	日产水 （m³）	累计产水 （10⁴m³）	日注水 （m³）	累计注水 （10⁴m³）	采出程度 （%）	含水 （%）	压力 （MPa）
0	5	1	52.30	—	416.10	1490.2	823.0	3415.8	510.7	18.89	96.61	30.38
1	10	3	122.73	6.63	422.72	9894.1	1181.6	10004	875.9	19.19	98.77	30.34
2	10	3	77.22	3.94	426.67	9948.3	1543.3	10004	1241.0	19.37	99.23	30.34
3	10	3	52.94	2.47	429.14	9977.3	1907.9	10004	1607.2	19.48	99.47	30.34
4	10	3	36.22	1.62	430.76	9997.2	2272.4	10004	1972.3	19.55	99.64	30.34
5	10	3	25.47	1.16	431.92	10010.0	2637.5	10004	2337.5	19.61	99.75	30.33
6	10	3	18.89	0.78	432.70	10017.8	3003.0	10004	2702.6	19.64	99.81	30.33
7	10	3	15.95	0.63	433.32	10021.3	3369.6	10004	3068.8	19.67	99.84	30.33
8	10	3	14.10	0.54	433.87	10023.5	3735.6	10004	3433.9	19.69	99.86	30.32
9	10	3	12.74	0.49	434.35	10025.1	4101.5	10004	3799.0	19.72	99.87	30.32
10	10	3	11.58	0.44	434.80	10026.5	4467.4	10004	4164.2	19.74	99.88	30.32

注：2009年6月为起始时间。

　　与基础方案相比，油藏提液6000m³/d和10000m³/d后，10年累计增加产油量分别为9.38×10⁴t和10.43×10⁴t（图3-25）。

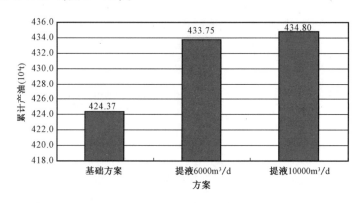

图3-25　提液方案和基础方案累积产油对比

　　由于方案考虑了污水全部回注，因此油藏压力保持稳定。

　　分别统计了油藏提液6000m³/d和10000m³/d、油藏内部3口注水井以及周围温度的变化情况（表3-22、表3-23）。

表3-22　提液6000m³/d的方案温度统计表（日注2000m³，10口排液井）

井号	时间	累计注入量 （10⁴m³）	累计注入量占 总流体体积 的百分数（%）	注水井温度 （℃）	注水井50m 处温度 （℃）	注水井100m 处温度 （℃）	生产井温度 （℃）
留29	2009.6	22.2	0.01	67.8	120.0	123.0	123.0
	2010.7.1	95.25	0.02	58.0	68.9	106.0	123.0
	2011.7.1	168.25	0.04	58.0	59.9	87.3	123.0

续表

井号	时间	累计注入量 （10⁴m³）	累计注入量占 总流体体积 的百分数（%）	注水井温度 （℃）	注水井50m 处温度 （℃）	注水井100m 处温度 （℃）	生产井温度 （℃）
留29	2013.7.1	314.45	0.08	58.0	58.0	67.4	123.0
	2015.7.1	460.45	0.12	58.0	58.0	60.8	123.0
	2017.7.1	606.65	0.15	58.0	58.0	58.8	123.0
	2019.7.1	752.65	0.19	58.0	58.0	58.3	123.0
留27	2009.6	137.43	0.03	58.5	64.1	121.0	123.0
	2010.7.1	210.43	0.05	58.0	59.3	91.0	123.0
	2011.7.1	283.43	0.07	58.0	58.3	81.5	123.0
	2013.7.1	429.63	0.11	58.0	58.0	69.6	123.0
	2015.7.1	575.63	0.15	58.0	58.0	63.5	123.0
	2017.7.1	721.83	0.18	58.0	58.0	60.6	123.0
	2019.7.1	867.83	0.22	58.0	58.0	59.2	123.0
留10	2009.6	0.0	0.00	123.0	123.0	123.0	123.0
	2010.7.1	73.00	0.02	59.1	109.3	122.4	123.0
	2011.7.1	146.00	0.04	58.7	97.3	121.0	123.0
	2013.7.1	292.20	0.07	58.5	80.7	117.0	123.0
	2015.7.1	438.20	0.11	58.4	71.1	112.7	123.0
	2017.7.1	584.40	0.15	58.3	65.8	108.2	123.0
	2019.7.1	730.40	0.19	58.3	62.8	103.8	123.0

表 3－23　提液 1000m³/d 的方案温度统计表（日注 3333m³,10 口排液井,日产液 10000m³）

井号	时间	累计注入量 （10⁴m³）	累计注入量占 总流体体积 的百分数（%）	注水井温度 （℃）	注水井50m 处温度 （℃）	注水井100m 处温度 （℃）	生产井温度 （℃）
留29	2009.6	22.2	0.01	67.8	120.0	123.0	123.0
	2010.7.1	143.9	0.04	58.0	61.7	93.0	123.0
	2011.7.1	265.6	0.07	58.0	58.2	72.0	123.0
	2013.7.1	509.2	0.13	58.0	58.0	60.0	123.0
	2015.7.1	752.6	0.19	58.0	58.0	58.3	123.0
	2017.7.1	996.2	0.25	58.0	58.0	58.1	123.0
	2019.7.1	1239.6	0.31	58.0	58.0	58.1	123.0
留27	2009.6	137.4	0.03	58.5	64.1	121.0	123.0
	2010.7.1	259.1	0.07	58.0	58.5	84.3	123.0
	2011.7.1	380.8	0.10	58.0	58.0	72.8	123.0

续表

井号	时间	累计注入量（$10^4 m^3$）	累计注入量占总流体体积的百分数(%)	注水井温度（℃）	注水井50m处温度（℃）	注水井100m处温度（℃）	生产井温度（℃）
留27	2013.7.1	624.4	0.16	58.0	58.0	62.4	123.0
	2015.7.1	867.8	0.22	58.0	58.0	59.3	123.0
	2017.7.1	1111.4	0.28	58.0	58.0	58.4	123.0
	2019.7.1	1354.8	0.34	58.0	58.0	58.1	123.0
留10	2009.6	0.0	0.00	123.0	123.0	123.0	123.0
	2010.7.1	121.7	0.03	58.6	101.0	121.5	123.0
	2011.7.1	243.3	0.06	58.4	85.3	118.4	123.0
	2013.7.1	487.0	0.12	58.3	68.9	111.0	123.0
	2015.7.1	730.3	0.19	58.2	62.7	103.5	123.0
	2017.7.1	974.0	0.25	58.2	60.3	96.7	123.0
	2019.7.1	1217.4	0.31	58.2	59.3	90.8	123.0

从表3-22、表3-23中可以看出,油藏大排量提液循环注水后,除注水井本身温度较低外,低温水的注入对其周围的地层温度也是有影响的,注入量越大,温度影响的范围越大。提液6000m^3/d 的方案循环注入后10年内温度影响的范围大致在300m以内(图3-26),就目前井距来说,14口排液井与注水井井距都在300m以上,而且排液井井段均在注水井井段之上,注入水由于重力作用向下移动,因此对排液井的温度影响不大。提液10000m^3/d 的方案由于提液量大、注水量大,温度影响的范围也较大,10年内温度影响的范围大致在350m以内。

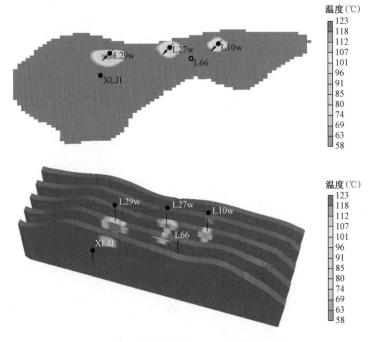

图3-26 日采6000m^3方案10年后温度变化

4. 单井采液能力预测

为了对单井采液能力进行预测,考虑最大下泵深度800m,分别对沉没度为150m,200m,300m 和400m 的情况进行了预测,随着沉没度的增加,平均单井最大产液量减小(图3－27)。在最大下泵深度800m、沉没度为300m 情况下,最大平均单井产液量可达到1580m³/d 左右。

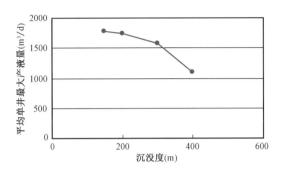

图3－27　平均单井最大产液量与沉没度关系曲线图

第四节　室内试验研究

一、影响岩石热物性因素试验研究

1. 温度对岩石热物性的影响

为了研究温度对岩石的热物理性质(导热系数、比热容等)的影响,选取任266－137 号岩样、任239－72 号岩样、雁33－38 号岩样、雁18－11 号岩样和任28－49 号岩样5 块不同区域的岩样,改变温度条件研究其热物理性质随温度的变化情况。岩石导热系数与比热容随温度的变化规律如图3－28、图3－29 所示。

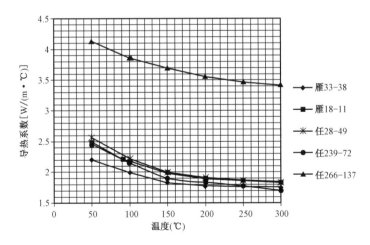

图3－28　岩石导热系数随温度的变化规律

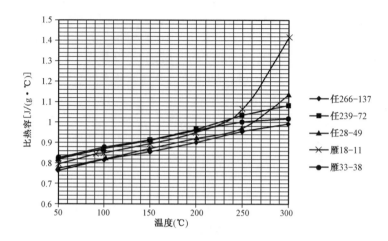

图 3 - 29　岩石比热容随温度的变化规律

由图 3 - 29 可见,随温度的升高岩石导热系数呈下降趋势,且在低温区间导热系数随温度的升高下降趋势较明显,当温度超过 150℃之后,导热系数随温度的升高下降平缓。任 266 - 137 号岩样所含石英含量远大于其他岩样,石英的导热性能远好于其他造岩矿物成分,因此,任 266 - 137 号岩样的导热性能相比其他岩样较好。

由图 3 - 30 可见,随温度的升高岩石比热容呈增加趋势,且岩样的比热容和温度呈现良好的线性关系。岩石所在的地层温度越高,其储热能力越强。因此,环境对岩石热物性的影响不可忽视,测量岩石的热物性需要模拟实际的工况条件才有实际意义,单单测量常温常压下的岩石热物性意义不大。

2. 压力对岩石热物性的影响

选取任 266 - 137 号岩样、任 239 - 72 号岩样、雁 33 - 38 号岩样、雁 18 - 11 号岩样和任 28 - 49号岩样 5 块不同区块不同深度的岩样,改变压力条件研究其热物理性质随压力的变化情况。岩石导热系数与比热容随压力的变化规律如图 3 - 30、图 3 - 31 所示。

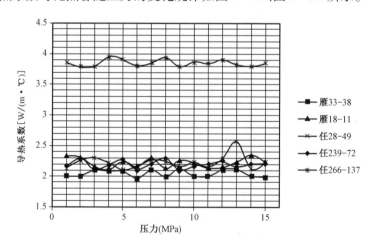

图 3 - 30　岩石导热系数随压力变化规律

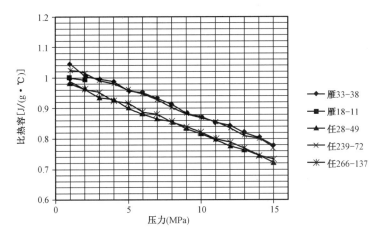

图 3 - 31　岩石比热容随压力变化规律

在实验条件范围内,导热系数随压力变化的趋势线接近水平,如任 266 - 137 岩样,在研究的压力条件范围内导热系数分布在 3.8 ~ 4.0W/(m·℃)区间内,基本保持不变。雁 33 - 38、雁 18 - 11、任 28 - 49、任 239 - 72。岩样的导热系数在研究条件范围内随压力的变化基本保持不变,大部分导热系数分布在 2.0 ~ 2.5W/(m·℃)区间内。总体上,压力对岩石的导热系数影响不大,如图 3 - 30 所示。

由图 3 - 31 可见,随着压力的增大岩石比热容呈现下降趋势,在实验条件范围内,比热容和压力表现出良好的线性关系。与岩石导热系数相比,岩石的比热容对压力表现出更强的敏感性,说明压力对地层岩石的导热性能影响较小,而对岩石的储热性能影响较大,在实际的工程环境中,地层压力越大,岩石的储热能力越弱,越不利于地热资源的开采和利用。

3. 岩石成分对热物性的影响

对华北潜山岩石样品的成分进行分析,从测量结果可见,所有岩样都以石英与白云石为主要成分(这两种成分占岩样成分总量的 95% 以上)。因此,在考察岩石成分对岩石热物性的影响规律时,只需考虑石英与白云石两种主要成分即可。导热系数与比热容随岩石成分的变化规律如图 3 - 32 和图 3 - 33 所示。

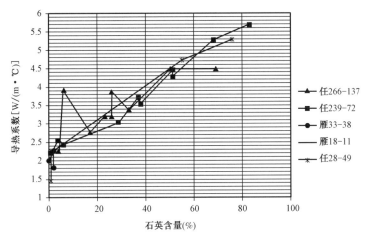

图 3 - 32　石英含量对岩石导热系数的影响

由图 3 - 32 可见,随着石英含量的增大,所有岩样的导热系数总体都呈上升趋势,这是由于石英的导热性能较其他造岩矿物成分优良,其导热系数也相对较大,岩石中所含的石英含量越高,岩石的导热性能就越好,其导热系数也越大。

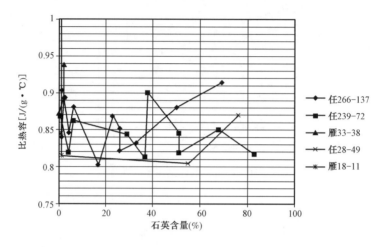

图 3 - 33　石英含量对岩石比热容的影响

由图 3 - 33 可见,岩样比热容随石英含量的变化趋势没有明显的规律可循。华北潜山岩石主要成分为石英和白云石,两者含量之和占岩石成分总量的 95% 以上,两者的比热容数值比较接近,影响岩石比热容的因素较多,且岩石成分与其他因素相比,并非影响岩石比热容的主要因素。

4. 孔隙度对岩石热物性的影响

为了研究孔隙度对热物理性质的影响,选取任 266 - 137 号岩样、任 239 - 72 号岩样、雁 33 - 38 号岩样、雁 18 - 11 号岩样和任 28 - 49 号岩样,将岩样研磨,配以树脂等黏合剂,压制成不同孔隙度的岩石样品,研究岩石孔隙度对其热物性的影响规律。导热系数与比热容随孔隙度的变化规律如图 3 - 34、图 3 - 35 所示。

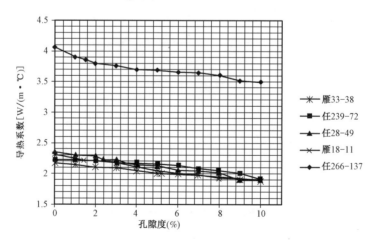

图 3 - 34　孔隙度对岩石导热系数的影响

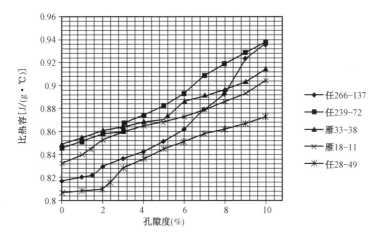

图 3-35 孔隙度对岩石比热容的影响

由图 3-34 可见,当孔隙度增大时岩石导热系数降低,这是因为岩石基质的导热性能远大于岩石孔隙中的油水,岩石的孔隙度越大,所容纳的油水越多,岩石整体的导热性能下降。因此,岩石孔隙度越大,导热系数越小。华北潜山岩石具有低孔隙度的特点,而油水的导热系数又远小于岩石基质的导热系数,因此,在研究范围内,岩石孔隙度对导热系数的影响不大。

由图 3-35 可见,岩样比热容随孔隙度增大而升高,主要原因是岩石孔隙内的油水储热性能远远好于岩石基质本身,当岩石的孔隙度增大时,岩石孔隙内的油水含量增多,岩石的储热性能也随之得到提高。由于油水含量对岩石储热能力影响很大,即使是低孔隙度的岩石,孔隙度变化也会对岩石的比热容产生明显的影响。

5. 油水饱和度对岩石热物性的影响

选取任 266-137 号岩样、任 239-72 号岩样、雁 33-38 号岩样、雁 18-11 号岩样和任 28-49号岩样,研究油水饱和度对岩石热物理性质的影响规律。

分别改变各岩样的油水饱和度,并测量对应岩石的导热系数与比热容。导热系数与比热容随岩石油水饱和度的变化规律如图 3-36、图 3-37 所示。

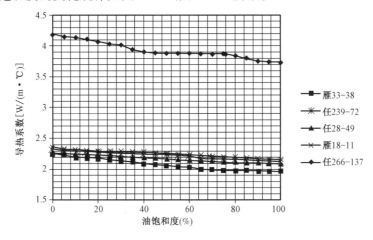

图 3-36 岩石导热系数随油饱和度变化规律

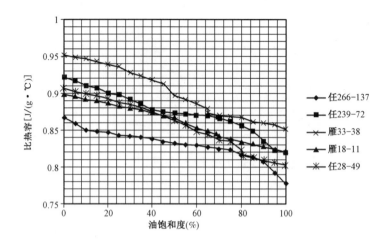

图 3-37　岩石比热容随油饱和度变化规律

由图 3-36 可见,随着油饱和度增加,岩石导热系数呈减小趋势,但变化趋势比较平缓。油、水饱和度是指油与水分别占岩石孔隙的体积分数,当油饱和度增大时相应水饱和度就会减小。油的导热性能比水的差,随着孔隙内油含量增加,岩石的导热性能整体下降。由于华北潜山油藏岩石的孔隙度较小,油饱和度的变化对应油水含量的变化较小,不会引起岩石导热性能的很大改变,导热系数随油饱和度的变化呈现平缓变化趋势。

由图 3-37 可见,当油饱和度增大时岩石比热容变小。这是由于油和水相比,其储热能力较差,当岩石孔隙内的油含量增加时,水含量减小,岩石整体的储热能力呈现下降趋势。随着孔隙内油含量增加,岩石的储热性能明显减弱,比热容随油饱和度的增加显著减小。

6. 渗透率和表面张力对岩石热物性的影响

岩石的渗透率表示岩石允许油水通过的能力,是表示岩石渗流能力的一个参量。实验数据表明,岩石的渗透率与其热物性之间没有必然的联系。

为了研究固液表面张力对岩石热物性的影响,模拟华北潜山地下水质环境,配制钠离子型水溶液,矿化度为 7000mg/L,将岩样用油饱和之后用水驱油,发现所取岩样的表面张力都在 27.35mN/m 附近保持不变,而各岩样的热物性差异较大。因此,表面张力和岩石热物性之间没有必然联系。

7. 岩石的热稳定性研究

1)X 射线衍射分析结果

每口井中选取一块岩样,用 X 射线衍射分析方法分别在 50℃,100℃,200℃和 300℃测定各岩石的成分,研究不同温度下岩石的热稳定性。

由图 3-38 至图 3-45 可见,华北油田潜山岩样在 300℃以下具有很好的热稳定性。随着温度升高,对应岩石的成分没有发生明显变化,具体表现在没有出现新的衍射峰,原来各个衍射特征峰也没有发生明显的变化,说明在研究的温度范围内,华北油田潜山岩石的成分没有发生改变。

2)热重(TG)分析结果

定量性强是热重分析法的重要特点,能准确地测量物质的质量变化及变化的速率。用热

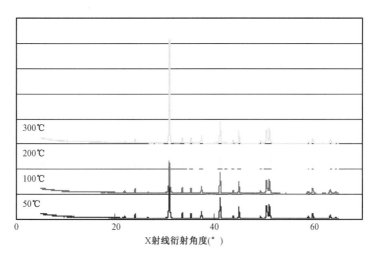

图 3 - 38　任 28 - 49 号岩样的热稳定性

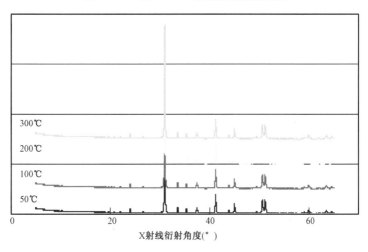

图 3 - 39　任 239 - 72 号岩样的热稳定性

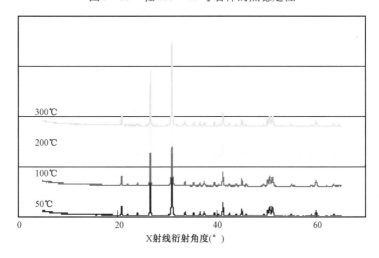

图 3 - 40　任 266 - 137 号岩样的热稳定性

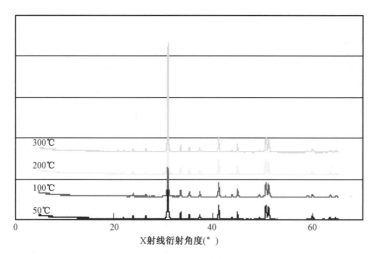

图 3-41　雁 18-11 号岩样的热稳定性

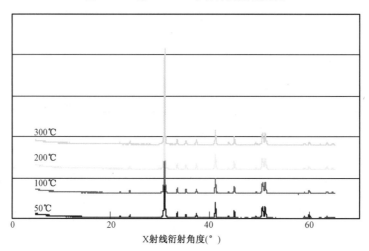

图 3-42　雁 33-38 号岩样的热稳定性

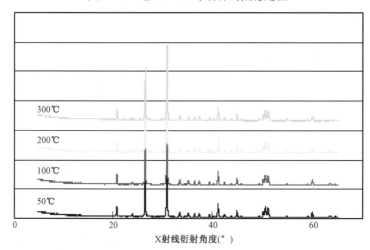

图 3-43　留 55-56 号岩样的热稳定性

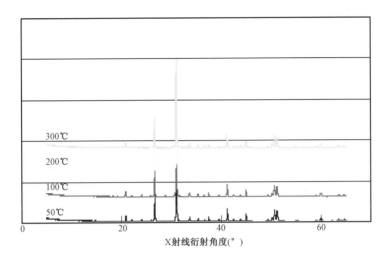

图 3 - 44 留 3 - 3 号岩样的热稳定性

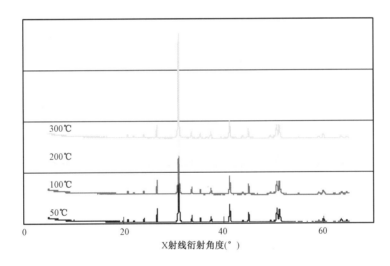

图 3 - 45 留 27 - 3 号岩样的热稳定性

重分析法研究华北油田潜山岩石的热稳定性,是 X 射线衍射分析的重要补充,有助于更加全面地了解岩石的热稳定性。

由图 3 - 46 可见,华北油田潜山岩样随着温度的变化,质量没有出现明显的变化,说明在研究的温度范围内,岩石没有发生任何物理变化和化学变化,热稳定性很好。

3）红外光谱分析（IR）

为了确认 X 射线衍射分析和热重分析得出的热稳定性结论,在不同温度下（50℃,100℃,200℃和300℃）,对任 266 - 137 号岩样进行红外光谱分析。分析结果（图 3 - 47）显示,在研究温度范围内,各特征峰都没有明显变化,说明岩石具有很好的热稳定性。

通过测量岩石的基本性质与岩石热物理性质,得出以下结论:

（1）各区块的岩样均以石英和白云石为主,这两种成分占岩石成分总量的95%以上。

（2）试验岩样呈现出低孔隙度、低渗透率的特点。

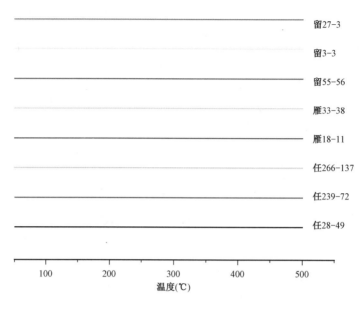

图 3-46　岩样热重分析（TG）曲线

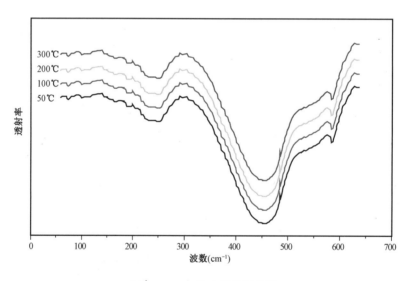

图 3-47　红外光谱分析曲线

（3）岩石的导热系数随石英含量的增加而显著增大，随温度升高而缓慢减小，随孔隙度的增大缓慢减小。随油饱和度的增加缓慢减小，压力对导热系数的影响很小。其中，岩石成分是影响岩石导热系数的主要因素，温度、压力、孔隙度、油水饱和度对导热系数的影响较小；渗透率、表面张力和导热系数之间没有必然联系。

（4）岩石的主要成分对比热容的影响不大，比热容与石英含量之间没有呈现必然规律；温度、压力等环境参数对岩石比热容的影响最大，孔隙度和油水饱和度次之；渗透率、表面张力与比热容没有必然联系。

（5）在研究条件范围内，岩样的热稳定性很好。

二、岩石热物性理论计算模型研究

根据华北油田潜山岩石的自身特点,建立导热系数和比热容的理论计算模型,通过岩石的一些基本性质(如岩石的成分、孔隙度、油水饱和度、温度等),推算出特定地层环境下岩石的导热系数和比热容,既可对实验结果进行本质解释,又能方便、高效地预测和查询华北油田潜山岩石的热物性。

1. 导热系数模型

1)传热机制

岩石基质中热量的传递属于固态电介质中热量的传递。微观上可视为离子或分子运动(平移、旋转或振动)的能量转移。这种微观的固体传热机制给热量传递的定量计算带来一系列的困难。由于上述离子或分子运动的强度与温度密切相关,因此通常也可用温度的高低来间接地评价离子运动的强弱。由此可见,在讨论岩石的传热机制时,温度是一个十分重要的参数。

传热通常以传导、对流和辐射3种方式进行。在任一给定的具体传热情况下,上述的两种甚至3种方式会同时存在。然而在某些特殊条件组合下,岩石中的热量传递将以某一种方式为主进行。

岩石基质作为一种固体,传导始终是热量传递的主导方式。常温、低温或极低温下,岩石基质的热量传递几乎完全靠传导。

传导时,与金属导体靠电子运动传递热量的机制不同,岩石作为电介质只有少量的自由电子,热能的传输几乎全靠晶格的振动。仿照辐射理论中光子的概念,将振动的通常模式量子化,称为声子。固体内若存在温度梯度,声子的热能振动量子可视为顺热梯度的流动。实际上,这种假象的量子流动表现为某高能态的粒子将其部分能量通过原子间连接键的振动,传输给相邻的能级较低的粒子。基于此种理论,岩石的传导导热系数主要取决于声子的平均自由程,可表达为:

$$K = ACvl \qquad (3-5)$$

其中
$$C = c\rho$$

式中　C——单位体积传热介质的热容量;

　　　v——振动的弹性波速;

　　　l——声子的平均自由程;

　　　c——比热容;

　　　ρ——密度;

　　　A——常量系数,其数值介于 1/3 ~ 1/4 之间。

由式(3-5)可见,C 和 v 两项的变化幅度相对有限,均质岩石的晶格导热系数主要取决于声子的平均自由程 l。在理想情况下,晶格的完全谐振对声子流不产生任何阻力,使得 l 和 K 值会变得无限大。但在现实中,有很多限制声子自由程的非弹性碰撞,或引起晶格非谐振动的声子发散机制,会导致声子平均自由程缩短,随之是岩石导热系数相应地降低而具有有限值。任何能构成矿物晶格中声子发散中心的因素,如岩石非均一的多晶集合体结构、微观的晶格缺陷、杂散原子的存在、晶格错位、颗粒边界的存在、孔隙—裂隙结构及其他微观结构等,都可以构成不同规模的分子发散中心。若在岩石中存在一个以上的弹性波热传导机制时(就岩石而言,这一点始终成立),由各过程引起的总平均自由程由式(3-6)给出:

$$\frac{1}{l_u} = \frac{1}{l_1} + \frac{1}{l_2} + \cdots \frac{1}{l_n} \tag{3-6}$$

式中　l_u——平均自由程;

$l_1, l_2, \cdots, l_n$——单一声子振动过程中互相独立的平均自由程。

Eucken 从物理和化学组分的角度,研究了下列几个预期会影响晶体平均自由程的主要因素:

(1)晶格的对称性和规则排列。具有简单立方体晶格的材料会使非谐性振动降低,从而比复杂的结晶形态具有更高的导热系数;而具有完全不规则随机结构的玻璃质矿物将具有很低的导热系数。例如,成分相同而结晶结构不同的结晶石英和熔融石英,其导热系数可相差 5~8 倍。

(2)具有原子量接近相等的分子组分的晶体,其导热系数预期会高于具有不同原子量分子组分的晶体,根据此观点,在卤化物结晶中往往可观察到最高的导热系数。

(3)在导热系数与晶体的可压缩性(或弹性)以及密度和硬度之间可建立相关关系,因为这些物理性质可以影响式(3-5)中的弹性波速 v 值。

(4)晶体结构中杂散原子或外来原子的存在,将扰动热弹性波,并降低导热系数。实验证实,NaCl 和 KCl 混合物的导热系数比每一组分的原始导热系数都低得多。如果了解矿物的微观晶格振动导热机制,并考虑到上述各项因素,就不难理解,各种主要造岩矿物为何有各不相同而又相对固定的导热系数值了。

颗粒边界的存在会引起声子发散效应。曾在接近 0K 下做过测定,由边界发散引起的平均自由程等于结晶大小。在典型的矿物多晶集合体中,边界发散型的平均自由程约为 10μm 或 10^5a. u. (原子单位);在室温附近,其平均自由程的数量级约为 100a. u. 。据此推论,在高于室温或高温时,多晶集合体中由边界发散引起的热阻增加(即导热系数降低)在结晶体总热阻中所占的份额是微不足道的。显然,高温时出现的单晶和多晶集合体导热系数差异并不能用边界发散效应来解释。然而多晶集合体晶体边界及由其引起的边界微孔隙结构所带来的体积效应还是应该考虑的。为此,多晶集合体视为晶体、颗粒边界和孔隙三相组成,每相有其各自的导热系数,总导热系数为各单相导热系数的矢量和。结晶颗粒越小,结晶颗粒固有的导热系数越大,由颗粒边界引起的体积效应对综合导热系数的影响就越大。当颗粒大小超过一定限度后(如 10μm),体积效应的影响趋于消失;而由于颗粒边界体积效应引起的热阻增加在晶体热阻中所占的份额也随着温度的增加而增加。这就能较好地解释高温时单晶和多晶集合体导热系数之间出现递增差值的机理。

辐射时,热量通过颗粒表面之间辐射热量的发射和吸收进行传递。这一点对于两相或三相孔隙岩石中的传热机制具有现实意义,高温时尤其如此。对于研究地壳深部和上地幔岩石高温下的传热机制和热物性变化,辐射更是一项不可忽略的重要传热机制。

当一个温度为 T_1 的高温物体向周围温度为 T_2 的环境进行辐射传热时,其辐射传热量可表示为:

$$q_r = 4\sigma T_m^3 \left(\frac{T_1 - T_2}{d}\right)\frac{2}{\alpha} \tag{3-7}$$

式中　σ——辐射常数;

　　　T_{m}——平均温度;

　　　d——辐射面和吸收面的平均距离;

　　　α——辐射受热表面的吸收系数。

式(3-7)也可表示为另一种形式:

$$q_{\mathrm{r}} = \frac{A T_{\mathrm{m}}^3}{\alpha}(T_1 - T_2) \tag{3-8}$$

式中　A——包括辐射常数及几何因子的常量。

根据 $q_{\mathrm{r}} = \lambda_{\mathrm{r}} \mathrm{d}T/\mathrm{d}x$,可根据式(3-7)写出相应的等效辐射导热系数:

$$\lambda_{\mathrm{r}} = \frac{8\sigma T_{\mathrm{m}}^3}{\alpha} \tag{3-9}$$

由式(3-9)可以看出,等效辐射导热系数与温度的三次方成正比,因此它随温度的增高而急剧增加。在高温时,岩石的总导热系数 λ_{T} 是晶格导热系数 λ_{l} 和辐射导热系数 λ_{r} 之和,即:

$$\lambda_{\mathrm{T}} = \lambda_{\mathrm{l}} + \lambda_{\mathrm{r}} \tag{3-10}$$

所研究的华北油田潜山岩样深度在3000m左右,所处地层温度大约为100℃,此温度下可以不考虑岩石辐射传热对传热机制的影响。

上述讨论的是岩石基质的导热机制,而绝大多数岩石具有孔隙,而且孔隙内都会含有流体。因此,研究岩石导热系数必须更深入地研究岩石孔隙内流体对热传导的作用,有时孔隙内流体对岩石的导热系数影响很大。这使得岩石中传热机制更加复杂。热量在孔隙岩石中的传递受制于多种因素,有时呈现传导—对流—辐射3种传热机制的综合作用。

对于华北潜山岩石来说,其孔隙度较小,对流基质的影响可以不考虑。前面已经说过,辐射影响也较小,因此在建立模型时,不考虑对流和辐射对传热机制的影响,只考虑传导的作用。

根据上面的讨论可知,孔隙岩石的导热系数由岩石基质的导热系数和孔隙内液体的导热系数两部分组成,下面分别对其进行研究。

2)岩石基质导热系数模型

根据多晶集合体传热过程和晶格振动热传导机制,可以根据岩石的矿物组成和结晶的排列模式估算岩石的晶格导热系数。在表3-24中列出了华北油田潜山主要造岩矿物的导热系数。根据这些造岩矿物的导热系数,选择合适的理论模型计算出岩石基质的导热系数。

表3-24　华北潜山岩石造岩矿物的导热系数

造岩矿物名称	导热系数[W/(m·K)]	造岩矿物名称	导热系数[W/(m·K)]
石英	7.1	黄铁矿	38.9
白云石	2.22	重晶石	1.8
钾长石	2.31	萤石	4.03
斜长石	2.16	黏土矿物	0.188
方解石	3.3		

设定某种岩石由 n 种造岩矿物以一定的晶体结构排列而成,其中 α 矿物的导热系数为 λ_α (矿物的体积分数为 v_α,通过岩石薄片的镜下鉴定求出), β 矿物的导热系数为 λ_β,依此类推,则 $n(\%)$ 的导热系数为 λ_n。这样,可以根据这些矿物的体积分数及其导热系数表示,求出该岩石理论导热系数的上、下限值。若假设各造岩矿物呈并联排列(或平行式排列,指同一矿物链平行于热流的传播方向排列),则可以按照式(3-11)求出岩石导热系数的上限值:

$$\lambda_{\max} = v_\alpha \lambda_\alpha + v_\beta \lambda_\beta + \cdots + v_n \lambda_n \tag{3-11}$$

若假定各造岩矿物呈串联排列(或称序列式排列,指相同导热系数的矿物链垂直于热流的传播方向排列),则按式(3-12)求出岩石导热系数的下限值:

$$\frac{1}{\lambda_{\min}} = \frac{v_\alpha}{\lambda_\alpha} + \frac{v_\beta}{\lambda_\beta} + \cdots + \frac{v_n}{\lambda_n} \tag{3-12}$$

事实上,岩石矿物中的矿物排列千变万化,其真实的排列方式趋于随机,对于各向异性的岩石,矿物排列可能具有一定的定向性,但此种定向性也是随机基础上的定向趋势。因此,一般岩石的导热系数总是在 $\lambda_{\min}$ 和 $\lambda_{\max}$ 之间波动。根据几何加权平均思想,取各种造岩矿物导热系数的几何加权平均值作为岩石基质导热系数的近似值:

$$\lambda_d = \lambda_\alpha{}^{v_\alpha} \lambda_\beta{}^{v_\beta} \cdots \lambda_n{}^{v_n} \tag{3-13}$$

Maxwell 等人假设岩石由 n 种造岩矿物组成,其中 $n-1$ 个矿物呈小圆球分布于第 n 个介质中,基于这种假设,提出了 Maxwell 模型。由于取自华北油田潜山的岩石样品主要成分是石英和白云石,两者含量之和占岩石成分总量的 95% 以上。其他造岩成分低于 5%,所以,Maxwell 模型再考虑除石英和白云石之外含量最多的一种成分,计算结果已经相当精确。由于其他微量成分所占比重过小,对计算结果几乎没有影响。另外,不再考虑这些微量成分会使得计算公式更加简洁。因此只考虑三组分系统。三组分系统的导热系数可以表示为:

$$\lambda = \frac{\alpha + A\lambda_b + B\lambda_c}{\left(\dfrac{\alpha}{\lambda_a}\right) + A + B} \tag{3-14}$$

其中:

$$A = \frac{3\beta}{2\lambda_\alpha + \lambda_b} \tag{3-15}$$

$$B = \frac{3\gamma}{2\lambda_a + \lambda_c} \tag{3-16}$$

式中　α, β, γ ——3 种矿物组分的含量;

　　　γ——岩石整体的导热系数;

　　　$\lambda_a, \lambda_b, \lambda_c$——3 种组分的导热系数。

3)油水两相混合液导热系数模型

地层岩石孔隙内含有油、水、气混合物质。考虑到华北油田潜山岩石的低孔隙度特征,气体的含量较少,大多溶解在油水两相中,可以将孔隙内液体简化为油水两相混合液体。油水两相的导热系数计算过程如下。

(1)二元混合液体的导热系数。

混合液体的导热系数 λ_m 可以用线性结合项 λ_0 和偏小量 λ_e 表示为:

$$\lambda_m = \lambda_0 - \lambda_e \qquad (3-17)$$

$$\lambda_0 = w_1\lambda_1 + w_2\lambda_2 \qquad (3-18)$$

式中 w_1,w_2——二元混合液中成分1和成分2质量的比率;

λ_1,λ_2——成分1和成分2的导热系数。

偏小量 λ_e 为非线性结合项,在特定点 $w_1 = 0$ 或 $w_2 = 0$ 时,显然 $w_e = 0$,所以 λ_e 函数中必然包含 w_1w_2 的连乘形式。其次,当 $\lambda_2 - \lambda_1$ 增大时,λ_e 也随之增大。因此,将 λ_e 表示为:

$$\lambda_e = gw_1w_2(\lambda_2 - \lambda_1) \qquad (3-19)$$

式中 g——对 λ_e 影响较小的由一些不明因素组成的无量纲量,称为调整系数,各混合液的 g 值可以由实验值确定。

水溶液的 g 值均在 $0 \leqslant \lambda_1/\lambda_2 \leqslant 0.5$ 范围内,并且随着 λ_1/λ_2 的减小而增加;有机混合液的 g 值均在 $0.5 < \lambda_1/\lambda_2 < 1$ 范围内,并且随 λ_1/λ_2 的增加而增加。g 值有分群的特性,用分族法进行研究,可以将 g 值进一步表示为:

$$g = c + |\lambda_1/\lambda_2 - 0.5| \qquad (3-20)$$

式中 c——对 λ_e 影响更小的量,称为混合液常数。

c 值归结了影响混合液导热系数的一些次要因素,其值的大小与混合液的成分有关。因此,二元混合液的导热系数可表示为:

$$\lambda_m = w_1\lambda_1 + w_2\lambda_2 - (c + |\lambda_1/\lambda_2 - 0.5|)w_1w_2(\lambda_2 - \lambda_1) \qquad (3-21)$$

只要适当选取混合液常数 c,式(3-21)就能在 $0 \leqslant w_2 \leqslant 1$ 范围内与具有不同 λ_1/λ_2 混合液的实测值吻合。

(2)油水混合液的导热系数。

将上述二元混合液导热系数的相关公式应用于油水混合液,用 w_o,w_w 分别表示混合液中油和水的质量分数;λ_o,λ_w 分别表示油和水的导热系数;混合液常数 c 值取 0.48。将上面的参数带入式(3-21),得到油水混合液的导热系数表达式为:

$$\lambda_{ow} = w_o\lambda_o + w_w\lambda_w - (0.48 + |\lambda_o/\lambda_w - 0.5|)w_ow_w(\lambda_w - \lambda_o) \qquad (3-22)$$

油的导热系数可以表示为:

$$\lambda_o = 0.092 + 0.1[1 - (T + 273)/(p^{0.18}T_b)] \qquad (3-23)$$

式中 T——温度;

p——压力;

T_b——油的常压沸点。

水的导热系数对温度变化较为敏感,按照温度区间的不同可以分别表示为:

$$\lambda_w = 0.686 - 0.0001 \times [(130-T)/10]^{2.85} - 0.0001 \times (T-30) \qquad 30℃ < T < 130℃$$

$$(3-24)$$

$$\lambda_w = 0.686 - 0.0005 \times [(T-130)/10]^2 \qquad 130℃ < T < 300℃ \quad (3-25)$$

通过以上公式，由温度、压力等参数可求出油和水的导热系数，进而求出油水混合液的导热系数。

4）饱和油水岩石的导热系数计算模型

通过上面的理论推导，可以算出岩石基质的导热系数和孔隙内混合液的导热系数。为了将这两者进行有效的结合，得到饱和油水后岩石的导热系数，需要建立合理的导热系数计算模型。对众多国内外岩石导热系数计算模型进行筛选，与自行建立的模型进行对比并加以改进，得到适合华北油田潜山岩石的理论模型。

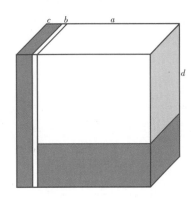

图3-48　三元电阻模型图

a,b,d 代表与孔隙介质导热系数等效的3个并联单元的导热系数，d 代表物质纵向上的导热系数，都是为简化计算过程而假定的参数，具有一定的局限性，只有在指定条件下才能接近实际

（1）排除提供参数困难的模型。

在不同的导热系数计算模型中，都需要提供相关参数。然而在某些模型中，部分参数难以提供，或模型的参数随样品的变化而变化，通用性差，这些模型不适合作为理想的模型。

Wyllie 和 Southwick 提出了3个并联电阻元件所组成的等效电阻模型，如图3-48所示，图中白色部分为固体，灰色部分为孔隙内液体，此模型将孔隙介质的导热系数等效于下面3个并联单元的导热系数之和：

① 只有相互密切接触而连续导热路径的岩石基质构成元件的导热系数 $\lambda_1 = \lambda_d$；

② 只有孔隙内混合液体构成元件的导热系数 $\lambda_2 = \lambda_{ow}$；

③ 包含相互串联的岩石基质和孔隙内液体元件的导热系数 $\lambda_3 = \dfrac{\lambda_d \lambda_{ow}}{\lambda_d(1-d)+\lambda_{ow}d}$。

由图3-49可直接写出此模型的有效导热系数 λ 的公式：

$$\lambda = b\lambda_d + c\lambda_{ow} + \frac{\alpha\lambda_d\lambda_{ow}}{\lambda_d(1-d)+\lambda_{ow}d} \qquad (3-26)$$

式中　λ_d——同时存在固液两相状态下的导热系数。

式中 a,b,c,d 的含义见图3-49，且需满足 $a+b+c=1$。a,b,d 与孔隙度 ϕ 存在下列关系：

$$ab+b=1-\phi \qquad (3-27)$$

式（3-27）也是式（3-26）必须满足的条件之一。

若已知 a,b,c,d 以及岩石基质和孔隙内液体的导热系数，应用此模型理论上可以求出总有效导热系数。但是 a,b,c,d 4 个参数在实验中无法测量,而且这 4 个参数对每一块岩石来说都是不同的,不可能由一块岩石推导出另一块岩石的这 4 个参数,模型的通用性差。因此,此模型并不适合作为华北油田潜山岩石的导热系数计算模型。

由陈则韶等提出的通用计算公式以及由分形理论建立的相应模型等与三元电阻模型类似,这些模型中都含有难以提供的参数,故将这些模型排除。

(2)排除岩样不适合的模型。

前人的岩石导热系数研究成果有的是针对某一类岩石的,因此有些理论模型只对某类岩石适用,而对于其他类型的岩石,计算结果相对实验值误差过大。因此要从中排除那些不适合华北油田潜山岩石的理论模型。下面以 Huang 统计近似公式为例进行说明。

Huang 通过统计近似法,应用图 3 – 49 给出的孔隙介质热传导的简化模型,将热量通过孔隙岩石的传播归结为 3 种机制。图中实心部分为岩石基质,空心部分为孔隙内混合液。

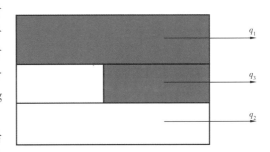

图 3 – 49 Huang 统计近似模型示意图

① 机制 I 。以传导方式通过岩石中全固相的热流 q_1,相应的导热系数表达式为:

$$\lambda_\alpha = (1 - \phi)\exp\left(-\frac{n}{1 - \phi}\right)\lambda_d \tag{3 – 28}$$

② 机制 II 。以传导和辐射方式通过全部流体相的热流 q_2,相应的导热系数表达式为:

$$\lambda_\beta = \phi\exp\left(-\frac{n}{\phi}\right)(\lambda_{ow} + \lambda_r) \tag{3 – 29}$$

③ 机制 III 。以传导和辐射方式通过串联的流体相—固相的热流 q_3,相应的导热系数表达式为:

$$\lambda_\kappa = \frac{H(\phi)^2(\lambda_{ow} + \lambda_r)}{\phi\left[1 - \exp\left(-\frac{n}{\phi}\right)\right]} \tag{3 – 30}$$

式中 λ_r——孔隙的辐射导热系数。

n 值称为孔隙的几何因子,可表达为:

$$n = \frac{xN}{L} \tag{3 – 31}$$

式中 L——热流通过孔隙介质的总流经长度;

x——不受孔隙分布扰动的热量传播距离;

N——扰动次数。

式(3 – 26)中的 $H(\phi)$ 是串联的固相—流体相中的孔隙部分,可表示为:

$$H(\phi) = 1 - \phi\exp\left(-\frac{n}{\phi}\right) + (1 - \phi)\exp\left(-\frac{n}{1 - \phi}\right) \qquad (3-32)$$

综合上述 3 种机制的表达式,得到下列有效导热系数公式:

$$\lambda = \lambda_\alpha + \lambda_\beta + \lambda_\kappa$$

$$= (1 - \phi)\exp\left(-\frac{n}{1 - \phi}\right)\lambda_d + \left\{\phi\exp\left(-\frac{n}{\phi}\right) + \frac{H(\phi)^2}{\phi\left[1 - \exp\left(-\frac{n}{\phi}\right)\right]}\right\}(\lambda_{ow} + \lambda_r)$$

$$(3-33)$$

若用无量纲量 λ/λ_d 表示,可得:

$$\frac{\lambda}{\lambda_d} = a + \frac{b(\lambda_{ow} + \lambda_r)}{\lambda_d} \qquad (3-34)$$

其中:

$$a = (1 - \phi)\exp\left(-\frac{n}{1 - \phi}\right) \qquad (3-35)$$

$$b = \phi\exp\left(-\frac{n}{\phi}\right) + \frac{H(\phi)^2}{\phi\left[1 - \exp\left(-\frac{n}{\phi}\right)\right]} \qquad (3-36)$$

a 可称为固质—固质热传递系数,b 可称为固质—液质热传递系数。

对于固结的孔隙岩石,Huang 通过综合大量文献报道,确定 $n \approx 1$;而对于非固结的孔隙材料,$n > 1$。华北油田潜山岩石为固结岩石,因此 n 取 1。

另外,华北油田潜山岩石地下 3000m 处的温度为 100℃ 左右,辐射导热作用并不明显,辐射导热系数可以忽略,则式(3-33)可以简化为:

$$\lambda = (1 - \phi)\exp\left(-\frac{n}{1 - \phi}\right)\lambda_d + \phi\exp\left(-\frac{n}{\phi}\right)\lambda_{ow} + \frac{H(\phi)^2}{\phi\left[1 - \exp\left(-\frac{n}{\phi}\right)\right]}\lambda_{ow} \quad (3-37)$$

上面简单地介绍了 Huang 的统计近似模型,下面对公式进行分析。观察式(3-37)最后一项,孔隙度 ϕ 位于分母上,当孔隙度 ϕ 比较小且趋近于零时,λ_κ 将会趋向于无穷大,必须对模型中的孔隙度加以限制。用该模型计算孔隙度较小的岩石时,其结果与实际值误差较大。因此,此计算模型不适合计算华北油田潜山岩石的导热系数。

为了验证此模型不适用于华北油田潜山岩石,将 Huang 统计近似模型算得的结果与实验值进行了比较,由表 3-25 可见,计算值相对实验值误差较大。特别是任 266-48 岩样和任 239-87 岩样,其孔隙度分别为 0.00005 和 0.00051,趋近于零,计算值与实验值相差甚远。

表 3-25　Huang 统计近似模型的导热系数计算值与实验值

岩石编号	孔隙度(%)	Huang 统计近似模型	实验值
雁 33-5	9.172	4.07982652	2.1591
13	0.005	1.225864197	1.8204
38	2.22	2.747404524	2.0001
雁 18-11	1.53	7.118875432	2.2144
任 28-13	0.98	4.376893499	5.295
14	2.869	9.919595183	2.1267
任 28	3.186	5.01385	4.7247
32	1.917	0.836064	1.4883
49	1.278	3.856078	2.2285
任 266	1.503	2.710760	4.4809
48	4.874	1610.042	3.1992
57	0.889	4.067673	2.2684
77	3.974	6.778436	2.2437
84	0.421	9.059108	2.7824
95	1.772	3.351898	2.2224
98	3.079	3.820917	3.2204
114	0.051	5.221972	2.246
125	0.657	7.717246	3.387
137	1.365	6.68606	3.8643
157	2.88	3.338121	4.0806
168	3.126	10.81184	3.9045
任 239	5.389	3.968253	5.6885
28	2.714	17.9357	3.7114
61	18.916	4.96469	2.5637
72	5.203	3.75501	2.1641
87	1.428	137.082	4.4516
89	3.884	12.9999	4.2717
112	1.072	7.09569	5.2707
122	2.807	4.59779	3.555
123	29.477	4.36973	3.0264
134	2.377	2.30939	2.4221
留 55	0.088	114.034	3.011
47	1.383	8.72793	3.0484
50	1.462	6.9152	2.8081
56	0.963	11.0151	2.9948
留 33	0.23	46.0434	2.6679
留检 3	0.049	210.858	2.8407
留 27	0.056	173.411	2.5592

（3）排除经验参数无法确定的模型。

孔隙岩石导热系数的计算模型可以类比电路中电导的计算公式,总电阻值不仅与分电阻值的大小有关,还与分电阻的组合方式(并联或串联)有关。岩石总导热系数除了与岩石基质的导热系数、孔隙内流体的导热系数以及孔隙度有关外,还与孔隙的形状、排列方式和分布有关。原则上,若已知孔隙的形状及其排列方式,可以求出总导热系数。但实际上,由于上述因素在三维空间中的不规则性,使得求解时遇到不可克服的数学难题。为此,很多学者提出了相关的经验公式,在公式中利用相关的经验参数来表示上述因素的影响。

Wiener 混合规则,在公式中引入一个岩石结构常数 a,来表示除孔隙度之外其他因素对导热系数的影响。计算公式可表示为:

$$\frac{\lambda}{\lambda_{\mathrm{d}}} = \frac{1 - \xi\phi}{1 + \alpha\xi\phi} \tag{3-38}$$

$$\xi = \frac{1 - \zeta}{1 + \alpha\zeta} \quad \zeta = \frac{\lambda_{\mathrm{ow}}}{\lambda_{\mathrm{d}}} \tag{3-39}$$

对于不同的岩石要选取不同的 a 值。

在这一类计算模型中,引入的经验参数都与具体的岩石有关,经验参数难以确定,通用性较差且计算公式复杂。因此,这一类模型不适合作为最终的计算模型。但是这种方法可以借鉴,可以根据最后筛选出的最好模型结合实验值,也引进一个具体的经验参数,建立误差更小的计算模型。这部分内容将在模型改进部分介绍。

（4）排除相对实验值误差较大的模型。

经过以上筛选,剩余模型就是符合条件的模型,再根据岩样的实际测量值对模型进行筛选,找出误差最小的模型。这里主要研究 4 种模型,并将 4 种模型的计算值与实验值进行比较。

电路中的电导表示对电流的传导能力,地层热传导体系中的导热系数表示岩石对热流的传导能力。类比电路中的电导计算公式,得出岩石的导热系数计算公式。假设岩石基质与孔隙内液体之间是串联关系,则导热系数可以表示为:

$$\frac{1}{\lambda} = \frac{\phi}{\lambda_{\mathrm{ow}}} + \frac{1 - \phi}{\lambda_{\mathrm{d}}} \tag{3-40}$$

$$\lambda = \frac{\lambda_{\mathrm{d}}\lambda_{\mathrm{ow}}}{\phi\lambda_{\mathrm{d}} + (1 - \phi)\lambda_{\mathrm{ow}}} \tag{3-41}$$

当岩石基质与孔隙内液体并联分布时,得到的有效导热系数可表示为:

$$\lambda = \phi\lambda_{\mathrm{ow}} + (1 - \phi)\lambda_{\mathrm{d}} \tag{3-42}$$

取上面两种模型的中间情况,由几何加权平均思想得到几何加权平均模型:

$$\lambda = \lambda_{\mathrm{ow}}^{\phi}\lambda_{\mathrm{d}}^{1-\phi} \tag{3-43}$$

Russell 公式是 Russell 提出的导热系数经典计算公式:

$$\lambda = \lambda_d \frac{\phi^{2/3} + \beta(1 - \phi^{2/3})}{\phi^{2/3} - \phi + \beta(1 - \phi^{2/3} + \phi)} \qquad (3-44)$$

$$\beta = \lambda_d / \lambda_{ow} \qquad (3-45)$$

分别将参数带入 4 种模型中算出理论值,见表 3 - 26。

表 3 - 26　4 种模型的导热系数计算值与实验值

岩石编号	样本编号	并联模型	串联模型	几何平均值	Russell 模型	实验值
雁 33 - 5	1	2.238594	1.806966	2.150824	2.235147	2.1591
雁 33 - 13	2	1.921172	0.824855	1.483986	1.86337	1.8204
雁 33 - 38	3	2.116079	1.538793	1.97407	2.10732	2.0001
雁 18 - 11	4	2.24336	2.003219	2.197894	2.242128	2.2144
任 28 - 13	5	5.483888	2.87938	5.018129	5.467141	5.295
任 28 - 14	6	2.241493	2.074255	2.209241	2.240731	2.1267
任 28 - 24	7	4.796459	3.06564	4.515392	4.787801	4.7247
任 28 - 32	8	1.647899	0.537458	1.088935	1.552292	1.4883
任 28 - 49	9	2.207554	1.753916	2.123329	2.204704	2.2285
任 266 - 11	10	4.835851	1.63788	3.941682	4.77971	4.4809
任 266 - 48	11	3.155652	3.153486	3.155366	3.155652	3.1992
任 266 - 57	12	2.210831	1.780599	2.13197	2.20827	2.2684
任 266 - 77	13	2.317109	2.046049	2.266016	2.315681	2.2437
任 266 - 84	14	2.854255	2.533506	2.805195	2.853339	2.7824
任 266 - 95	15	2.197301	1.676824	2.096682	2.193481	2.2224
任 266 - 98	16	3.056105	2.153459	2.886452	3.049662	3.2204
任 266 - 114	17	2.277634	1.930674	2.212273	2.275594	2.246
任 266 - 125	18	3.46662	2.898078	3.382887	3.464882	3.387
任 266 - 137	19	4.047827	3.134059	3.921223	4.045134	3.8643
任 266 - 157	20	4.143794	2.20142	3.746384	4.126099	4.0806
任 266 - 168	21	3.796688	3.310051	3.730623	3.795616	3.9045
任 239 - 13	22	5.841055	2.584187	5.27508	5.822168	5.6885
任 239 - 28	23	3.725779	3.441791	3.692695	3.725459	3.7114
任 239 - 61	24	2.50552	2.048938	2.429005	2.503453	2.5637
任 239 - 72	25	2.194187	1.743928	2.099113	2.190096	2.1641
任 239 - 87	26	4.390248	4.338339	4.385157	4.390236	4.4516
任 239 - 89	27	4.364755	3.820565	4.301897	4.363979	4.2717
任 239 - 112	28	5.180892	3.746612	5.011116	5.177851	5.2707
任 239 - 122	29	3.639482	2.571438	3.44892	3.632868	3.555
任 239 - 123	30	3.187554	2.338583	3.023417	3.18114	3.0264

续表

岩石编号	样本编号	并联模型	串联模型	几何平均值	Russell 模型	实验值
任239-134	31	2.281691	1.448386	2.089506	2.270999	2.4221
留55-5	32	3.005471	2.978754	3.001304	3.005453	3.011
留55-47	33	3.088859	2.706907	3.021998	3.087194	3.0484
留55-50	34	2.845668	2.428378	2.776035	2.843956	2.8081
留55-56	35	3.022186	2.732295	2.974798	3.021263	2.9948
留3-3	36	2.67403	2.622975	2.665214	2.673953	2.6679
留3	37	2.842932	2.830239	2.840852	2.842926	2.8407
留27-3	38	2.559901	2.547491	2.557815	2.559894	2.5592

各种模型理论值与实验值的相对误差如图3-51所示,将每个样本的计算值与实验值的相对误差用平滑曲线连接,可更直观地比较各个模型的优劣,选择相对误差最小、计算精度最高的计算模型。

图3-50中纵坐标为计算值相对实验值的相对误差,4条曲线分别代表4种模型的计算误差。从图中可以看出,4种模型中并联模型和 Russell 模型计算值的相对误差更接近于零,并联模型稍好,且表达公式形式简单、形象直观、便于理解,因此选并联模型作为导热系数计算模型。

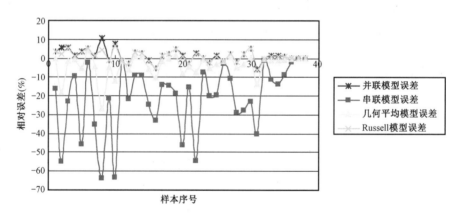

图3-50 4种导热系数模型计算值相对误差比较图

5)模型改进

并联模型只考虑了孔隙度的影响,没有考虑孔隙形状、排列和分布的影响。借鉴前人引入经验参数的思想,可以对选出来的模型进行改进。

岩石的总导热系数不仅与孔隙度有关,而且与其他因素也有关联,将公式内的孔隙度 ϕ 用经验常数 A 代替,A 是一个不仅与孔隙度 ϕ 有关的量,其取值大小还与孔隙大小、排列方式有关,α 为结构因子。

改进公式为:

$$\lambda = A\lambda_{ow} + (1 - A)\lambda_d \tag{3-46}$$

$$A = \frac{\alpha\phi}{1+\phi} \qquad (3-47)$$

根据华北油田潜山岩石特点,选取 $\alpha = 2$。将式(3-46)作为最终的导热系数计算模型,将其与优化前的并联公式进行比较,如图3-52所示。

从图3-51中可以看出,优化后的并联模型的计算误差更接近于零,因此选定优化后的并联模型作为最终的导热系数理论计算模型。

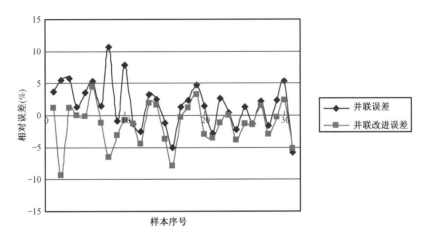

图3-51　并联模型与优化后的模型计算值相对误差对比图

2. 比热容计算模型

1)岩石基质的比热容模型

比热容为单位质量的物质升高单位温度所吸收的热量。由定义可见,比热容是一个标量,具有叠加性。由定义可知:

$$C = \frac{Q}{m\Delta T} \qquad (3-48)$$

式中　C——所研究物质的比热容;

Q——物质所吸收的热量;

m——物质的质量;

ΔT——物质改变的温度。

比热容是一个反映所研究物质储热能力的物理量,物质的比热容越大,表明这种物质的储热能力越强。华北油田潜山主要造岩矿物的比热容见表3-27。

表3-27　华北油田潜山主要造岩矿物的比热容

造岩矿物的名称	比热容[J/(g·K)]	造岩矿物的名称	比热容[J/(g·K)]
石英	0.80	黄铁矿	0.50
白云石	0.86	重晶石	0.204
钾长石	0.71	萤石	0.40
斜长石	0.669	黏土矿物	0.80
方解石	0.793		

岩石基质是由不同组分构成的混合物,则式(3-48)可以表示为:

$$C_s = \frac{Q}{m\Delta T} = \frac{Q_1 + Q_2 + \cdots + Q_n}{m\Delta T} = \frac{C_1 m_1 \Delta T + C_2 m_2 \Delta T + \cdots + C_n m_n \Delta T}{m\Delta T}$$

$$= w_1 C_1 + w_1 C_2 + \cdots + w_n C_n \qquad (3-49)$$

式中 C_s——岩石基质的比热容;

$\quad\quad w_n$——第 n 种造岩矿物的质量分数;

$\quad\quad C_n$——第 n 种造岩矿物的比热容。

2)饱和油水的岩石比热容模型

(1)并联模型。

孔隙岩石除含有岩石基质外,孔隙内还含有油、水和气体。一般气体含量比较少,大多溶解在油水两相中且气体的比热容非常小,因此在计算模型中不考虑气体,只考虑油水两相。类比电路中的并联电容,热传导体系中的比热容并联模型可以表示为:

$$C = w_o C_o + w_w C_w + w_s C_s \qquad (3-50)$$

油的质量分数表示为:

$$w_o = \frac{\phi S_o \rho_o}{\phi S_o \rho_o + \phi S_w \rho_w + (1-\phi)\rho_s} \qquad (3-51)$$

水的质量分数表示为:

$$w_w = \frac{\phi S_w \rho_w}{\phi S_o \rho_o + \phi S_w \rho_w + (1-\phi)\rho_s} \qquad (3-52)$$

岩石基质的质量分数表示为:

$$w_s = \frac{(1-\phi)\rho_s}{\phi S_o \rho_o + \phi S_w \rho_w + (1-\phi)\rho_s} \qquad (3-53)$$

式中 ρ_o, ρ_w, ρ_s——油、水和岩石基质的密度;

$\quad\quad C_o, C_w, C_s$——油、水和岩石基质的比热容。

由于在研究地层范围内华北油田潜山岩石的所处环境温度变化范围较小,所以 ρ_o 和 ρ_w 可以看作是温度 T 的线性函数,在100℃左右油和水的密度为:

$$\rho_o = -0.00055T + 1.005 \qquad (3-54)$$

$$\rho_w = -0.0005T + 1.011 \qquad (3-55)$$

岩石基质的密度可以表示为:

$$\rho_s = \frac{1}{\dfrac{w_1}{\rho_1} + \dfrac{w_2}{\rho_2} + \cdots + \dfrac{w_n}{\rho_n}} \qquad (3-56)$$

ρ_i 为造岩矿物的密度,温度对造岩矿物的密度影响比较小,可以将其看作常数处理。同

样,C_o 和 C_w 在温度变化范围不是很大的情况下,也可以看作温度的函数。在100℃左右油和水的比热容为:

$$C_o = 0.0058T + 1.706 \qquad (3-57)$$

$$C_w = 0.00085T + 4.129 \qquad (3-58)$$

(2)串联模型和几何加权平均模型。

类比电路中的串联电容计算公式,得到热传导体系中的串联比热容计算模型:

$$C = \cfrac{1}{\cfrac{w_o}{C_o} + \cfrac{w_w}{C_w} + \cfrac{w_s}{C_s}} \qquad (3-59)$$

根据几何加权平均思想,推导出岩石比热容几何加权平均模型:

$$C = C_o^{w_o} C_w^{w_w} C_s^{w_s} \qquad (3-60)$$

(3)模型的优选。

串联模型、并联模型和几何加权平均模型计算值和实验值见表3-28。

表3-28 各比热容模型的比热容计算值与实验值

井号	编号	样本编号	并联模型	串联模型	几何平均值	实验值
任239	13	1	0.836768	0.27356	0.82382346	0.8175
	28	2	0.840414	0.267128	0.83915542	0.8125
	61	3	0.857829	0.264832	0.85270228	0.8201
	72	4	0.878593	0.27039	0.86803779	0.8677
	87	5	0.829723	0.267073	0.82956607	0.8459
	89	6	0.833745	0.268074	0.83159441	0.8185
	112	7	0.828122	0.269576	0.82375839	0.8507
	122	8	0.854454	0.271648	0.84359268	0.9008
	123	9	0.863606	0.272218	0.85150388	0.8437
	134	10	0.890294	0.27552	0.87341342	0.863
任266	11	11	0.887892	0.282411	0.85307264	0.9144
	48	12	0.840534	0.26631	0.84051673	0.8521
	57	13	0.870927	0.268842	0.86456708	0.9036
	77	14	0.866062	0.268126	0.860726	0.8461
	84	15	0.847706	0.264644	0.84454985	0.8024
	95	16	0.874973	0.270018	0.86670147	0.8388
	98	17	0.857986	0.268686	0.84701754	0.8693
	114	18	0.852507	0.263392	0.84607828	0.8938
	125	19	0.847729	0.268949	0.84335067	0.832
	137	20	0.84121	0.269073	0.83617558	0.8218
	157	21	0.864036	0.275368	0.84604498	0.8809
	168	22	0.860486	0.267538	0.85748048	0.8815

续表

井号	编号	样本编号	并联模型	串联模型	几何平均值	实验值
任28	13	23	0.84302	0.273521	0.82791663	0.8684
	14	24	0.864475	0.26698	0.86054028	0.8482
	24	25	0.828484	0.264334	0.8177939	0.8053
	32	26	1.089914	0.324455	0.98464036	1.0448
	49	27	0.872003	0.269392	0.86511452	0.8158
雁18	11	28	0.858591	0.264411	0.85369194	0.8447
雁33	5	29	0.873532	0.268841	0.86452741	0.8941
	13	30	0.981091	0.291173	0.90957001	0.9374
	38	31	0.895487	0.273358	0.8765756	0.8736
留55	5	32	0.84674	0.266028	0.84640024	0.8462
	47	33	0.850098	0.266045	0.84459588	0.8476
	50	34	0.857914	0.268482	0.85287022	0.8565
	56	35	0.85248	0.267789	0.84886857	0.8517
留3	3	36	0.847959	0.264108	0.84705359	0.8473
	3	37	0.848858	0.266195	0.84866427	0.8489
留27	3	38	0.848444	0.263657	0.84823386	0.8483

比较每个样本的计算误差,如图3-52所示,并联模型计算误差最小,其计算值最接近实验值,模型最大计算误差控制在±10%以内。因此,选取并联模型作为最终的比热容计算模型。

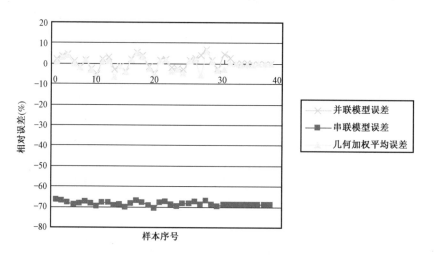

图3-52 3种比热容模型计算误差对比图

3. 小结

本章通过详细的分析推导,建立了针对华北油田潜山岩石的导热系数和比热容的理论计算模型,只需输入相关的基本参数,就可用理论模型求解出对应岩石的热物性参数。通过筛选和优化,选取并联模型作为比热容的计算模型,模型的计算值与实验值之间的相对误差保持在 $\pm 10\%$ 以内;选取并联模型的改进模型作为导热系数的计算模型,模型的计算值与实验值的相对误差保持在 $\pm 12\%$ 以内。

第四章　留北潜山地热能综合利用方案设计

第一节　概　　述

一、指导思想

将地热资源的开发利用与石油能源的开发及生态环境建设有机结合起来,实现良性循环和可持续发展;将地热资源的开发利用与留北潜山目前的地质、工程和工艺条件相结合,充分利用现有的废气井和集输管线,减少投资、降低成本;将地热能发电、管线伴热和社区取暖相结合,实现地热能的连续高效利用,节约能源、减少浪费。

二、研究范围

本工程的研究对象为第三采油厂留北油田,位于河北省河间市、献县境内,构造位置均属冀中坳陷饶阳凹陷带。

三、编制原则

遵守国家及行业的有关法规和政策,执行国家及行业的有关设计规范、标准及规定。根据国家有关节能减排相关的政策,以确保油气生产为主体,实行多元开发的方针,充分利用地热资源。

广泛借鉴国际和国内地热资源利用的先进经验,遵循"安全、环保、节能、节地"的基本要求,通过大排量提液增油、地热水发电,以及利用地热取代以原油和天然气作为燃料的热水炉,通过换热方式为伴热管线的热水升温,从而达到综合、高效利用地热水的目的。设备与材料性能可靠、技术先进、高效节能、方便运行、便于维护,提高了地面系统运行的可靠性。以经济效益和社会效益为中心,优化总体方案平面布局,充分利用已建配套设施,降低工程总投资。

四、遵循的标准规范

中国石油天然气股份有限公司 2006 年《油田地面工程项目可行性研究报告编制规定》

GB 50350—2005《油气集输设计规范》

GB 50253—2014《输油管道工程设计规范》

GB 50316—2008《工业金属管道设计规范》

GB/T 9711—2011《石油天然气工业 + 管线输送系统用钢管》

GB 9711.2—1999《石油天然气工业输送钢管交货技术条件第 2 部分:B 级钢管》

SY/T 6267—2006《高压玻璃纤维管线管规范》

GB 50183—2004《石油天然气工程设计防火规范》

GB 50428—2007《油田采出水处理设计规范》

GB 50016—2006《建筑设计防火规范》

GB 50391—2006《油田注水工程设计规范》

SY/T 0089—2006《油气厂、站、库给水排水设计规范》

GB 50006—2010《厂房建筑模数协调标准》

GB 50011—2010《建筑抗震设计规范》

GB 50037—2013《建筑地面设计规范》

JGJ 67—2006《办公建筑设计规范》

GBZ 1—2010《工业企业设计卫生标准》

GB/T 50087—2013《工业企业噪声控制设计规范》

GB 50052—2009《供配电系统设计规范》

GB 50059—2011《35 ~ 110kV 变电所设计规范》

GB 50053—2013《20kV 及以下变电所设计规范》

GB 50054—2011《低压配电设计规范》

GB 50217—2007《电力工程电缆设计规范》

SY/T 0025—1995;《石油设施电气装置场所分类》

SY/T 0033—2009《油气田变配电设计规范》

GB 50034—2013《建筑照明设计标准》

GB 50057—2010《建筑物防雷设计规范》

SY/T 0060—2010《油气田防静电接地设计规范》

GB 50061—2010《66kV 及以下架空电力线路设计规范》

(GB 50016—2014)《建筑设计防火规范》

GB 50140—2005《建筑灭火器配置设计规范》

GB/T 50102—2014《工业循环水冷却设计规范》

GB 50050—2013《工业循环冷却水处理设计规范》

(GB 50391—2014)《油田注水工程设计规范》

(GB 5310—2008)《高压锅炉用无缝钢管》

GB 150—2010《固定式压力容器》

JB/T 4709—2007《钢制压力容器》

(SH 3046—1992)《石油化工立式圆筒形钢制焊接储罐设计规范》

(SY/T 0599—2006)《天然气地面设施抗硫化物应力开裂金属材料要求》

SY/T 0009—2012《石油地面工程设计文件编制规程》

SH 3063—1999《石油化工企业可燃气体和有毒气体检测报警设计规范》

GBJ 50093—2013《工业自动化仪表工程施工及质量验收规范》

GBJ 22—1987《厂矿道路设计规范》

GB 50187—2012《工业企业总平面设计规范》

SY/T 0048—2009《石油天然气工程总图设计规范》

国家计划委员会、国家经济贸易委员会、国家科学技术委员会

第二节　注采工艺方案设计

一、排采设备优选

根据华北油田地热资源综合利用的总体规划,按照选择区块油藏地层温度高、排液能力强,具有较高地热利用价值的要求,将部分历史产量高、目前生产压差小、采油指数大、液面相对较高、供液充足,井段较长、储层物性好的油井转为地热井开采,这就对排采方式提出了更高的要求,排采设备必须适应 ϕ178mm 套管,满足大排量(500m³/d 以上)、耐高温(120℃以上)、合理的扬程且低功耗、整体设备工作性能稳定可靠的要求,同时生产厂家具备生产工艺和加工能力。

1. 电动潜油泵排采方式

电动潜油泵适用于中深井,优点是排量大(正常排量范围 30 ~ 700m³/d),耐温 120℃,但随着扬程的增加,能耗很高,资金投入和运行费用较高,抗腐蚀、磨蚀能力较差。

1)国内电动潜油泵调研情况

(1)大庆力神泵业有限公司电动潜油泵技术参数见表 4 – 1。

表 4 – 1　大庆力神泵业有限公司电动潜油泵技术参数

适应套管[mm(in)]	最大外径(mm)	排量(m³/d)	功率(kW)	最大扬程(m)
178(7)	138/130	500	80	800
			96	1000
			120	1200
		1000	144	800
			176	1000
			216	1200
		1500	232	800
			288	1000
			350	1200
245(9⅝)	143/130	2500	380	700
	143/172	3600	420	700

(2)天津荣亨集团股份有限公司生产的适用于套管 ϕ197mm(9⅝in)的电动潜油泵,最大排量分别为 3500m³/d 和 5000m³/d,泵的扬程分别为 400m 和 280m,采用 ϕ139.7mm 油管,产品技术参数见表 4 –2。

表 4-2 天津荣亨泵业集团股份有限公司产品技术参数

适应套管 [mm(in)]	电泵型号	最大外径 (mm)	扬程 (m)	排量 (m³/d)	油管直径 (mm)	电动机功率 (kW)	变频器功率 (kV·A)
178(7)	540 系列	138	800	500	88.9	80	400
			1000			120	450
	513GN7000			1000		196	400
	513GN7000		1500			244	450
	513TL1600		800	1500	101.6		
	513TL1600		1200	1500			
245(9⅝)	675QM350	172	400	3500	139.7		
	675QM470		280	5000			

（3）华北油田井下电泵中心可组装 600~1000m³/d 的电动潜油泵,并负责现场组装调试和后期技术服务。电动潜油泵技术参数见表 4-3。

表 4-3 华北油田井下电泵中心电动潜油泵技术参数

适应套管 [mm(in)]	电泵型号	最大外径 (mm)	扬程 (m)	排量 (m³/d)	油管直径 (mm)	电动机功率 (kW)	变频器功率 (kV·A)
178 (7)	540 系列	138/130	600	800	88.9	96	400
		138/130	600	1000		120	450

2）国外电动潜油泵厂家调研情况

雷达公司是斯伦贝谢公司在中国的代理公司,负责在国内电动潜油泵的销售、租赁、维修保养等业务。斯伦贝谢公司产品技术参数见表 4-4。

表 4-4 斯伦贝谢公司产品技术参数

适应套管(外径×内径)(mm×mm)	泵型号	泵外径(mm)	最大排量(m³/d)
H 系列 177.8×159.8(7in)	H28000N	142.75	4800
	H21500N(70%)		3200
	HN13500(64%)		2400
J 系列 245×226.5(9⅝in)	JN21000(68%)	171.45	3300
	JN16000(72%)		2600
	J12000N(78%)		2450
	J7000N(72%)		1200
L 系列 245×226.5(9⅝in)	L43000N(72%)	184.15	7200
	L16000N(76%)		2650
M 系列 273×253(10¾in)	M675A(74%)	218.9	4300
	M675B(74%)		3850
	M675C(72%)		3700

适应套管(外径×内径)(mm×mm)	泵型号	泵外径(mm)	最大排量(m³/d)
N系列 245×278.4(11¾in)	N1050C(72%)	241.3	5200
	N1050B(74%)		5350
	N1050A(72%)		6300
N系列 245×278.4(11¾in)	N1400NB(76%)	254	8000
	N1400NB(78%)		8500

2. 螺杆泵排采方式

螺杆泵适用于浅井中小排量,地面驱动螺杆泵排量为 $5\sim250m^3/d$,最大排量为 $1050m^3/d$(500r/min)。其优点是地面设备体积小,含砂、气不敏感,能适应高油气比、出砂井及高黏度井,井下泵运动部件少,结构简单,因其流道面积大,运动连续平稳无脉动,水力损失少。变频装置可使螺杆泵在一定扭矩范围内工作,达到节能降耗、防止杆柱断脱的目的。其缺点是泵的寿命短,使用常规实心抽油杆不适应传递扭矩,故障率高。初期投资低,但后期投资比较高。各厂家都提出可针对地热井的开发,进行耐高温螺杆泵橡胶的研发,螺杆泵主要技术参数见表4-5。

表4-5 螺杆泵主要技术参数

泵型	理论排量 (m³/d)	扬程 (m)	电动机功率 (kW)	最大外径 (mm)	适用井径 (mm)	适应井温 (℃)	生产厂家
螺杆泵	430	800	45	130	178	60	上海东方石油设备有限公司、唐山玉联实业有限公司、法国PCM泵业公司(代理)
	1050 (500r/min)	600	85	170	245		

3. 电动潜水泵排采方式

电动潜水泵适用于地热井中提取热水,是地热排采的主导方式,占地热井举升的90%以上,优点是排量大、防腐、抗老化、高效、节能,安装维护方便,费用低,能耗低。缺点是扬程小、直径大,耐温不大于100℃,需要研制开发耐高温产品。分析目前国内外大排量采液资料发现,当井口温度不大于100℃时,采用天津甘泉集团潜水泵有限公司生产的 QJR 系列耐热水泵比较合适,主要型号有150QJR,175QJR,250QJR 和 300QJR,流量范围 $120\sim14400m^3/d$。目前还没有适用于178mm 套管的耐热水泵,适用于245mm 套管、排量不小于800m³/d 的耐热水泵的技术参数见表4-6。

表4-6 电动潜水泵主要技术参数

适应套管 [mm(in)]	型号	最大外径 (mm)	排量 (m³/d)	功率范围/转速 [kW/(r·min)]	适用油管 (mm)	最大扬程 (m)
245(9⅝)	40-252/14	184	960	45/2900	139.7	252
	63-156/13	184	1512	45/2850		156
298.4(11¾)	250QJR	233	3000	100/2900		156

4. 有杆泵排采方式

抽油机有杆泵(包括杆式泵和管式泵两种)排采方式占主导地位,约占人工举升井数的90%。有杆泵泵径已形成 28～110mm 系列特种泵,与抽油机系列配套,最高日产量可达 410m³。其优点是工艺比较配套,设备装置比较耐用,故障率低,排量范围大,针对出砂和含气高的井有相应的配套设备和工具。其缺点是深抽和排量不如电动潜油泵、水力活塞泵和射流泵,对于出砂、高气液比井会降低容积效率和使用寿命。

5. 水力活塞泵排采方式

水力活塞泵这种举升方式能从很深的井中大排量采油,目前抽深已达 3500m,相应排量可达 1245m³/d。其优点是浅层抽吸时可提供相当的排量,而深抽时比其他人工举升方法提供的排量都高;调参、检泵操作简单,运行费用较低;由于掺入高温动力液有利于稠油和高凝油的开采,中心控制泵站可集中控制许多油井,便于进行化学防腐、阻垢措施执行,而且井口简单,适合海上平台使用。其缺点是初期投资高,需要高压设备、管网和井口,还必须有动力液处理设备,油套管在高压下不渗漏,高含水期会加大油水处理量,增加扩建投资和运行费用,增加成本,特别是计量误差大,生产测试工艺不配套是其致命缺点。

6. 射流泵排采方式

射流泵是一种较晚发展起来的采油方式,目前抽深可达 2000m,排量可达 500m³/d。其优点是故障率低,可使用与水力泵相同的工作筒。其缺点是泵内存在严重的湍流和摩擦,其系统效率较其他方式低,与水力泵有相同的缺点。

综合各方面因素初步得出以下结论:

(1)电动潜油泵排量大、耐温 120℃、扬程大,但能耗高、运行费用高。

(2)螺杆泵排量中等、扬程中等、费用低,但耐温差。

(3)潜水泵排量大、费用低、能耗低,但扬程小、耐温差。

(4)管式泵排量中等、下泵深度大、费用低、能耗小。

(5)水力活塞泵和射流泵地面设备庞大、能耗高、运行费用高。

分析目前排采设备资料,留北潜山将部分高含水、井口温度在 110℃ 左右的油井转为地热井,井身结构为 φ178mm 套管,当单井产液量不小于 500m³/d 时,能够满足大排量采液能力要求的排采设备主要是电动潜油泵。

为了系统了解掌握留北潜山油藏增油、提液效果及地层吸水能力情况,在确保油田开发不受影响的前提下,根据地热综合利用方案,综合储层物性、地层能量、生产状况,优选留 24 井采用电动潜油泵进行大排量提液试验。

留 24 井于 2006 年 9 月由抽油机井转为电动潜油泵生产,采用华北油田井下电泵中心组装的排量 600m³/d、扬程 800m 电动潜油泵机组,电动机功率 100kW,最大外径 138mm,适应井径 178mm,适应温度 120℃。提液后日产液量由 61t 上升到 747t,取得了较好的提液效果。

目前增液井动液面在 500m 左右,随着留北潜山注水措施的开展,注水强度将加大,增液井的供液能力会不断提高,液面上升,举升高度降低,电动潜油泵的电动机功率随之下降,能耗降低。

二、井筒工艺设计

1. 管柱优化技术

目前用于井筒管柱的管材,根据材质划分为普通油管、保温油管、复合管和玻璃钢管。

普通油管施工简单、便于维修、抗温差引起的膨胀与伸缩能力好,但抗腐蚀能力相对较差;保温油管采用两层油管环空抽真空的方法,其质量是普通油管的2倍,价格是普通油管的3倍,以防止温度损失,在注蒸汽的油井中普遍使用。复合管适于输送腐蚀性液体,具有抗腐蚀、防垢的优点。但在高温和温差变化大(生产时温度在110℃左右,停产后以较快的温度降至地表环境温度)的条件下使用,由于两种材质膨胀系数的差异,经常出现脱壳或胀裂现象。玻璃钢管具有很好的抗腐蚀能力,但由于材质脆性较大,在温度变化大的环境下使用,经常出现断裂现象,主要是接头处断裂。

通过调研发现,国内在地热井井筒保温、油套管材料控制温降方面,还没有成熟的材料和技术。油田常用的油管为N80材质,与保温油管、复合管和玻璃钢管相比,它具有更好的耐高温、耐腐蚀性以及较低的价格优势。结合地热井温度高、腐蚀性强及流体的物理性质等特点,推荐使用N80油管。

2. 储层改造工艺

1)加大揭开深度技术

继续揭开采液井、回注井的裸眼段,增大储层的渗流面积。从目前地热开发的几口先导试验井的排采情况看,地层供液能力差是一个主要问题。留24井采用裸眼完井,生产井段3237.82~3270.00m,厚度32.18;雁28井采用裸眼完井,生产井段2975.31~2991.00m,厚度只有15.69m。因此,一方面可以通过提高注水量,保证采液井的液面在井口;另一方面通过加大生产井的揭开深度,加长裸眼段来提高地层的供液能力。

地热井应满足以下基本要求:

(1)井深。应穿越设计开采热储层的底板深度。

(2)井径。应满足设计开采年限内下入与井出水量相匹配的深井水泵对井筒口径的要求。井筒下部应满足下入井筒修理工具的要求。

(3)地层剖面。通过钻井、地球物理测井,取全取准地层剖面地质资料和测温资料,严格划分各热储层顶、底板深度。

(4)止水封孔。对开采热储层顶板以上井段进行严格的止水封孔,防止非开采层或上层低温水窜通和伤害。

(5)完井试采。针对地热井投入生产的需要进行抽水或放喷试采、水质分析及井温测量,准确取得热水的水位、水温、水位降低及相应出水量和水质等资料。

对于中高温地热井,还必须准确测定井口压力,不同压力下的汽水流量和温度,水、汽含量及其比例,分离蒸汽中的不凝气体含量等,综合评价地热井的生产潜力。

老油井加大揭开深度的井身结构有两种,一种是采用原井身结构只加深生产段,另一种由泵室段(由修井磨铣取换套管技术来实现)、技术套管段、生产层段构成。

钻井工艺采用φ149.2mm钻头,钻至设计深度,井眼φ152mm。完井方式采用最简单、最经济的裸眼完井,确保热储层与井筒之间保持较好的连通条件,热储层所受的伤害最小,热储层与井筒之间渗流面积最大、阻力最小。不同排量下的套管匹配情况见表4-7,其井身结构示意图如图4-1所示。

表4-7　不同排量下套管匹配表

排量(m³/d)	表层套管(mm)	泵室套管[mm(in)]	技术套管[mm(in)]	备注
≤1500	298.44,339.71	177.8(7)	177.8(7)	原井身结构不变
≥2500	298.44,339.71	219.07(8⅝)	177.8(7)	扩泵室
≤3600	339.71,406.4	244.47(9⅝)	177.8(7)	扩泵室(新钻井)
≥3700	473.08,508	339.71(13⅜)	298.44(11¾)	新钻井

2)酸化、压裂技术

由于回灌井多数是由油井改为注水井的,多数采取过增产措施,导致地层堵塞、吸水能力下降、注水压力升高,因此必须采取储层改造措施,主要有压裂、酸化等工艺技术。

压裂工艺技术是保证压裂获得成功的支柱,选用的工艺技术必须与储层特征相匹配,且能满足压裂设计的要求。压裂工艺技术主要包括分层压裂技术、高砂比压裂技术、端部脱砂压裂技术、重复压裂技术、CO_2泡沫压裂技术、强制闭合技术等。可根据注水井的地层状况、层系分布情况,选择合理的压裂液和工艺技术,保证注水井的吸水能力增强,注水压力下降。

酸化工艺技术是利用酸液清除注水井井底附近伤害,恢复地层的渗透率或者溶蚀地层岩石胶结物,以提高地层渗透率的增注措施。根据酸化的方式和目的,其工艺过程可分为酸洗、基质酸化和压裂酸化。

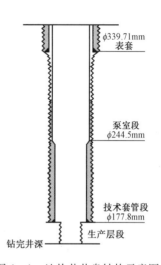

图4-1　地热井井身结构示意图

碳酸盐岩基质酸化主要是溶解基质和井筒伤害物,恢复近井地带的渗透率,根据酸液类型不同,碳酸盐岩储层基质酸化有盐酸酸化、乳化酸酸化、胶凝酸酸化和泡沫酸酸化4种工艺。

酸化增注方案的优选,对具体井层而言,应根据岩性、物性及伤害因素,采取最经济有效的酸化增注处理措施,如砂岩基质解堵酸化、碳酸盐岩基质酸化、稠化酸压工艺、稠化酸压+闭合酸化工艺等。

水井增注酸化常采用酸化防膨增注工艺。它是酸化解堵后用防膨剂稳定黏土的增注技术。

解堵酸液的选用标准是:对于近井堵塞的注水井,或初次处理的注水井,采用常规土酸进行解堵;对于深部堵塞的井,解除深部堵塞的酸液。防膨剂常采用阳离子有机聚合物、长效防膨剂等。

三、回注工艺设计

地热水回灌是减少热水资源消耗、控制热储层压力下降、提高地热资源利用率、保护环境的重要手段。根据对压力及注采比的分析,压力随着注水的变化较明显,大排量提液后,必须及时注水保持地层压力稳定。因此,必须对全部采出水进行回注。

1. 回注方式的选择

（1）对井回灌：由一个地热水生产井、一个回灌井组形成地热供暖系统，生产井提供地热水供暖，采暖后的回水压入回灌井回收，以减少地热水损失。

（2）同井分层抽灌：从地热井某一储层中抽取地热水，提供利用后，再将回水回灌到同一地热井中的另一储层中。

（3）单井回灌：在地热资源开发区，选择适宜地段和热储层位建立单独的地热回灌井，回收利用后的地热弃水。

2. 回注井的选井原则

与采液井保持一定距离，以达到换热的目的；储层发育好、构造位置低、无增油潜力的井；井下技术状况较好。

3. 回注井管柱优化技术

注水井完井管柱分为笼统注水管柱和分层注水管柱两大类。

油田地热回灌井如果注水层数少、层间压力差又小，可以采用笼统注水。其管柱结构比较简单，可用一根光油管，或在注水层以上位置下入一个封隔器，以保护注水层以上的套管。

第三节　地面工程方案设计

按照采出水资源资料，留北潜山整体方案设计按利用 22 口井、15 口井进行提液、单井采液量 800m³/d、最大产液量 12000m³/d 的规模设计。工程分两期实施，一期工程投产提液井 10 口，单井采液量 600m³/d，最大产液量 6000m³/d，供一台发电机组发电，后尾水为留北油田站点伴热维温，参加点热水炉的燃料油替代的站有留一联、路 27 站、路三站和留三站 4 个站点，建成后将这 4 个站点原有热水炉燃油系统作为备用，暂停使用。

一、设计参数

1. 当地气象资料

属于东部季风区暖温带半湿润气候，大陆性气候显著，四季分明。春季干燥少雨多风；夏季炎热湿润，多雨，高温天气时有出现；秋季天气晴朗，昼夜温差大；冬季严寒少雪。全年日照时数为 2700h，年平均气温 12.7℃；7 月份最热，平均气温 26.8℃；1 月份最冷，平均气温 −4.8℃，年最高气温为 38~40℃，无霜冻期平均 188 天。近年来，年内极端最高气温 42.7℃，最低气温 −23.8℃。年降水量一般为 550mm，降水集中在夏季，6—8 月降水量一般在 400mm 左右，占全年总量的 75% 左右，秋季降水量占全年总量的 100mm 左右，冬秋季占 15% 左右。

（1）大气压力：夏季 100.26kPa，冬季 102.47kPa。

（2）采暖期天数：每年 11 月 15 日至次年的 3 月 15 日共 120 天。

（3）冬季采暖室外计算温度 −9℃；冬季通风室外计算温度 −4℃，夏季通风室外计算温度 31℃。

（4）夏季空气调节室外计算相对湿度 75%。

（5）夏季空调室外计算相对温度 27.5℃。

（6）夏季空调室外计算干球温度 34.8℃。

（7）冬、夏季平均风速2.1m/s。

（8）室外计算最热月相对湿度76%。

（9）室外计算最冷月相对湿度55%。

（10）冬、夏季最多风向及频率：冬季风向为北风，10%；夏季风向为西南风，10%。

2. 留北油田采出水水质分析数据

留北油田采出水水质分析数据见表4-8。

表4-8 留北油田采出水水质分析数据表

分析项目	测试结果	分析项目	测试结果
$K^+ + Na^+$（mg/L）	1930	水温（℃）	108
Mg^{2+}（mg/L）	22.6	pH值	8.15
Ca^{2+}（mg/L）	74.7	总矿化度（mg/L）	5514
Cl^-（mg/L）	2582	总硬度（mmol/L）	2.79
SO_4^{2-}（mg/L）	279.7	总碱度（mmol/L）	10.3
HCO_3^-（mg/L）	590.2	总 Fe（mg/L）	0.5
CO_3^{2-}（mg/L）	35.2	水型	$NaHCO_3$

3. 原油物性参数

取留67井油样，去除游离水后，测试油样含水31%，将部分油样进行了高温高压脱水处理，测试脱水后油样含水0.04%。原油物性参数见表4-9。

表4-9 原油物性参数表

项目	留67井原油
密度（20℃）（mg/L）	0.8345
50℃黏度（mPa·s）	6.611
闪点（℃）	40
凝固点（℃）	37
初馏点（℃）	112

4. 留北油气集输生产现状

留北油田目前运行联合站1座（留一联）、接转站2座（留三、路27）、供热计量站1座（路三）、计量站8座。站外单井集油工艺为三管伴热工艺流程。参与本次采出水进行热水炉燃料油替代的站场有留一联，留三站、路27站和路3站。

留一联原油设计处理能力100×10^4t/a，外输能力50×10^4t/a，污水设计处理能力为3000m³/d。目前留一联日产污水3000m³左右，污水经过除油处理后回灌，设计注水能力3000m³/d。污水全部在马85井、马82井、留16井和路153井回灌。该油田日产液3100t，综合含水93.7%，日产油量195t。

5. 地面集输系统能力分析

地面系统原油处理、污水处理、注水及外输能力平衡见表4-10。

表4-10　地面系统原油处理、污水处理、注水及外输能力平衡表

序号	负荷名称	单位	设计处理能力	实际处理量	平衡结果
1	原油处理能力	$10^4 t/a$	100	16.5	满足
2	污水处理能力	$10^4 m^3/a$	100	100	达到设计负荷上限
3	注水能力	$10^4 m^3/a$	100	100	达到设计负荷上限
4	外输能力	$10^4 t/a$	50	27.8	满足

6. 能耗状况分析

根据第三采油厂提供的各油田燃料油计划用量表,特提取与本项目有关站点的热水炉燃料油计划消耗量进行分析汇总,见表4-11。

表4-11　留北油田热水炉燃油耗量表

名称	热水加热炉		加热炉耗油(气)量			
	台数	总容量(kW)	夏季(t)	春秋季(t)	冬季(t)	小计(t/a)
留一联	2	2320	244	244	242	3052
留三站	3	3950	244	366	484	5047
路三站	2	1740	147	183	290	2362
路27站	2	2500	293	305	436	3536
总计	9	10510	928	1098	1452	13997

注:夏季为6—8月;春秋季为4—5月及9—11月;冬季为12月至3月。

7. 换热发电站选址

根据国家有关节能减排政策,以经济效益和社会效益为中心,以降低工程总投资为目的,充分利用已建配套设施。因此,确定利用留一联东北方向留路基地原有学校进行扩建,扩建部分以下简称换热发电站。这样选址具有如下优点:

(1)节省新征地费用。

(2)靠近留一联,可以充分利用该站的人力资源和配套设施。

(3)经三相分离器脱出的含水油可就近输至留一联脱水区进行统一脱水。

(4)满足采出水对于留北油田各站热水炉热水换热需要。

(5)采出水自成系统建站,减小对已建集输处理系统的改造工程量,有利于今后生产管理。

留一联扩建区包括采出水油气水分离装置、采出水换热装置、采出水发电装置等。站外潜山提液井产出液集中输送至站内,采出水先进行气液三相分离,然后先发电,后换热维温,尾水回注地下。

二、地热发电系统方案设计

1. 地热发电概述

地热发电是地热利用的一个重要方式,一般高温地热流体应首先应用于发电。地热发电是用地热水的热量直接或间接产生蒸汽来推动汽轮机,将地热水的热能转化为机械能,然后带

动发电机发电。地热发电的过程,就是把地下热能首先转变为机械能,然后再把机械能转变为电能的过程。

2. 地热发电方法

对于中低温的地热资源,主要有扩容(闪蒸式)发电法、双工质(双循环式)发电法和全流循环式发电法3种基本发电方法。另外,还有螺杆膨胀机—汽轮机复合发电系统和双工质全流系统发电两种复合发电法。

1)扩容(闪蒸式)发电法

扩容法是目前地热发电最常用的方法。该法采用降压扩容的方法从地热水中产生蒸汽。当压力降低到低于地热水温度对应的饱和蒸汽压力时,地热水就会沸腾,产生蒸汽,同时地热水温度下降。产汽过程一直持续到降温后地热水温度的饱和蒸汽压与闪蒸压力相同为止。由于这个过程进行得很迅速,因此形象地称为闪蒸过程。

扩容法发电系统的发电原理如图4-2所示。地热水进入扩容器降压扩容后产生的蒸汽通过扩容器上部的除湿装置,除去携带的水滴变成干度大于99%的饱和蒸汽。饱和蒸汽进入汽轮机膨胀做功,将蒸汽的热能转化成汽轮机转子的机械能,汽轮机带动发电机发电。汽轮机排出的乏汽进入冷凝器重新冷凝成水,并被水泵抽出以维持循环。冷凝

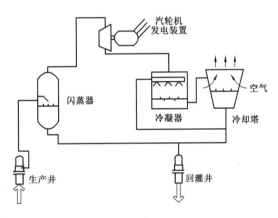

图4-2　扩容(闪蒸式)发电法原理图

器中的压力远远低于扩容器中的压力,通常只有0.004～0.01MPa,这个压力所对应的饱和温度就是乏汽的冷凝温度。地热水中不凝结气体在闪蒸器中释放出来,最终进入冷凝器,被抽真空系统排出。

扩容法地热电站的设计关键是确定扩容温度和冷凝温度,这两个参数直接影响发电量。为了增加每吨水的发电量,可采用两级扩容的方法。采用两级扩容可使每吨水的发电量增加20%。

2)全流发电法

地热全流发电系统技术,是将地热水全部引入动力机膨胀做功,地热水引入全流动力机前无需处理,因而能量利用率较高。国外自20世纪70年代至今,已对几种全流机进行研究,普遍认为全流螺杆膨胀机是较有前途的动力机,它属于容积式动力机,在地热田中试验也表明,全流螺杆膨胀机的内效率达65%～74%。

3)双工质(双循环式)发电法

双工质发电法一般应用于中温地热水,采用低沸点的流体(如正丁烷、异丁烷、氯乙烷等)作为循环工质。由于易燃易爆,必须形成封闭的循环,以免泄漏到环境中。在这种发电方法中,地热水仅作为热源使用,本身并不直接参与热力循环。

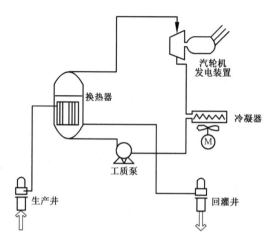

图 4 - 3 双工质(双循环式)发电法原理图

双工质(双循环式)发电法原理如图 4 - 3 所示。首先,从井中泵上的地热水流过表面式换热器,加热换热器中的工质。工质在定压条件下吸热汽化,产生的饱和工质蒸汽进入汽轮机做功,汽轮机带动发电机发电。做完功的工质乏汽进入冷凝器被冷凝成液态,由工质泵升压后打入蒸发器,完成工质的一个工作循环。

双工质法的循环热效率与扩容法的基本相同,但双工质法的蒸发器是表面式换热器,其传热温差明显大于扩容法中的闪蒸器,使地热水的热量损失增加,热循环效率下降。特别是运行较长时间,换热面地热水一侧结垢问题严重,对热效率影响很大。

该方法的优点是,选择合适的工质,可以使热力循环系统一直工作在正压状态,运行过程不需要抽真空,从而可以减少生产用电,使电站净发电量增加 10% ~ 20%。

双工质法根据选用工质不同,又可分为有机郎肯双工质发电技术和卡里纳双循环发电技术。

华北油田潜山油藏井口温度为 90 ~ 120℃,属中低温地热田。双工质发电技术既满足华北油田地热资源的温度范围,也适合于华北油田产出水含油气的特殊情况,因此华北油田地热发电方式确定为双工质法发电。

通过对国内外相关发电技术的了解可知,在发电方式上,美国的技术和我国江西的发电技术属于双工质发电技术。

(1)美国 UTC 发电技术。

① 工作原理。

第一步:74℃的地热水以 480gal/min(2616m³/d)的流量进入蒸发器。热水流过蒸发器后,通过注水泵和注水井系统又被回灌到地热蓄水层。

第二步:蒸发器壳体夹层注有很多 R - 134a 介质作为工质。74℃的热水不能把水烧开,但足以使 R - 134a 沸腾。蒸发器是一个大热交换器,热水不会与工质接触,但是可以把热量传给工质,使 R - 134a 沸腾蒸发。

第三步:在初始启动时,R - 134a 蒸汽通过旁通阀直接回到冷凝器,而不经过涡轮。一旦工质沸腾产生足够的蒸汽,旁通阀即关闭,蒸汽被引入涡轮。

第四步:蒸汽以超音速从涡轮喷嘴喷出,吹动涡轮叶片使涡轮以 13500r/min 的速度转动。涡轮与发电机相连,发电机以 3600r/min 的速度转动而发电。

第五步:冷却水以 3000gal/min(16000m³/d)的流量供给电厂的冷凝器。

第六步:冷却水进入冷凝器,将工质蒸汽冷凝成液体。与在蒸发器中的情形一样,冷凝器仅让工质与管中的冷水进行热交换,二者不相互接触。

第七步:泵把液态工质泵回蒸发器。循环连续进行,产生压力带动整个循环。

② 现场应用情况。

切纳地热发电厂采用 UTC 制造的 225 型 PureCycle® 地热发电系统 2006 年 6 月投入运行。设备进口温度 74℃,尾水温度 54℃,有效功率为 225kW,热水源为地热水井,日产热水约 2930m³,日发电量约 4500kW·h。净发电量 187.5kW·h。

225 型 PureCycle® 地热发电系统的运行需要泵取 500gal/min 地热水,生产井距离电厂 3/4mile,需要埋设 8in 直径的 HDPE 隔热管道。生产井建成几乎需要一个月的时间,井深 700ft,井径 10in,井壁抹水泥达 450ft。

③ 工作流程。

225 型 PureCycle® 地热发电系统工作原理与江西华电发电技术原理相同。

225 型 PureCycle® 地热发电系统工作流程图(图 4-4)为:地热水进入蒸发器,将工作液加热直至蒸发,推动汽轮机发电。蒸气膨胀做功后进入冷凝器被冷却成液态,再由泵送回蒸发器。

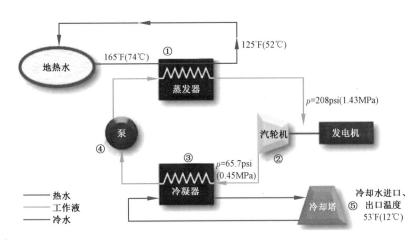

图 4-4　225 型 PureCycle® 地热发电系统工作流程图

225 型 PureCycle® 地热发电系统的特点:以地热资源为动力,系统无排放,遥控和系统监控,最低工作地热温度 74℃,冷却水要求温度在 30℃ 以下,长 5.2m、宽 2.5m、高 3m,质量约为 11t、480V/三相/60Hz,不需要燃料,环保,运行时间长,可靠性高,适应温度低的地热井,设备维护成本低。

(2)西藏羊八井发电技术。

① 工作原理。

地热水进入扩容器降压扩容后产生的蒸汽通过扩容器上部的除湿装置,除去携带的水滴变成干度大于 99% 的饱和蒸汽。饱和蒸汽进入汽轮机膨胀做功,将蒸汽的热能转化成汽轮机转子的机械能,汽轮机带动发电机发电。汽轮机排出的乏汽进入冷凝器重新冷凝成水,并被水泵抽出以维持循环。冷凝器中的压力远远低于扩容器中的压力,通常只有 0.004~0.01MPa,这个压力所对应的饱和温度就是乏汽的冷凝温度。地热水中不凝结气体在闪蒸器中释放出来,最终进入冷凝器,被抽真空系统排出。西藏羊八井地热电站热力系统如图 4-5 所示。

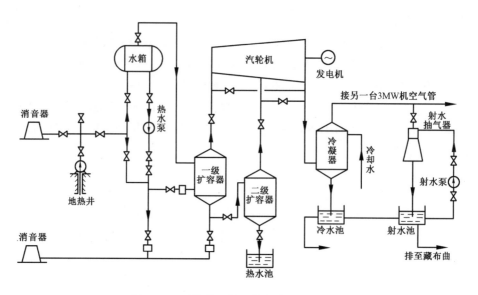

图 4-5　西藏羊八井地热电站热力系统图

保证发电系统运转的两个必要因素为持续稳定的蒸汽供给和汽轮机进、出汽口存在压差。热蒸汽由一级、二级扩容器产生（额定产汽均为 25t），压差（进汽口 0.17MPa，出汽口 0.003MPa）由真空冷却系统的射流泵产生。

② 现场应用情况。

西藏羊八井共装机 9 台，总装机容量为 25.18MW。除 1 号、5 号机组为进口机组外，其余均为青岛捷能动力集团公司生产的 D3-1.7/0.5 型机组。其主要运行参数如下：

a. 汽轮机。额定功率 3MW，最大功率 3.56MW，额定转速 3000r/min，一次进汽压力 0.17MPa，二次进汽压力 0.05MPa，排汽压力 0.009MPa，一次蒸汽汽耗量 22.7t/h，二次蒸汽汽耗量 22.8t/h。

b. 扩容器。一级工作压力 0.18MPa，二级工作压力 0.06MPa。

c. 凝汽器。工作压力 0.008MPa。

d. 射水抽气器。工作压力 0.4MPa，工作水量 750t/h，抽气量 185kg/h。

e. 发电机（QFD-3-2 型）。额定功率 3MW，额定电压 3150V，额定转速 3000r/min。

自 1991 年以来，年平均发电量为 $9500 \times 10^4 kW \cdot h$，目前年发电量为 $12000 \times 10^4 kW \cdot h$，所发电力升压至 110kV 并入当地电网。机组可利用率达 90%，发电量占拉萨电网的 20%。

在用地热水井 15 口，分布半径小于 1km，采水层小于 200m，井口水温 126℃，单井出水量 100t/h（含气 15%，含水 85%），井口压力 0.2MPa，采水方式为自喷。热水从井口至发电机的总热效率为 4.3%。未设计回灌井，地热水二次扩容汽化后排放，排放温度 70℃。

（3）江西九江发电厂余热利用发电技术。

江西九江发电厂余热利用项目是利用发电厂排出的高温水（170～180℃），采用螺杆膨胀机作动力机，实现余热利用。该发电流程是：高温来水—减压阀—螺杆膨胀机—发电机发电上网。高温水经过螺杆膨胀机做功后乏气（110～120℃）作为取暖水卖掉。该螺杆膨胀机为 SEPG300-300/3000，额定功率 300kW，设计进汽压力 1.5MPa，排汽压力 0.1MPa，现场进汽压力1.21MPa,转速1512r/min,净发电量195kW·h。

综合考虑留北采出水的状况和国内外地热发电技术的优缺点,留北地热发电优选螺杆膨胀机双工质发电技术。

3. 螺杆膨胀机发电系统配套工艺技术

1)螺杆膨胀动力机的参数选择

考虑留北潜山采液规模6000m³/d,地热水井口温度110℃,设计螺杆膨胀机地热水进口温度100~110℃,流量250m³/h,出口温度85(夏季)~90℃(冬季),确定装机400kW的双循环螺杆膨胀发电机组1套,额定功率360kW,供电功率(净发电功率)310kW。

螺杆膨胀动力机的设计参数为:进汽压力0.52MPa(绝压),排汽压力0.17MPa(绝压);进汽温度82℃,排汽温度42℃;蒸汽流量106t/h;低温介质为R-123。

根据采出液情况,设计螺杆膨胀机相关技术参数:螺杆膨胀动力机为SEPG500-400-1500-1.65-SS;装机功率400kW,发电功率360kW,供电功率310kW;自耗电率12.5%;吨水发电量1.25kW·h;额定转速1500r/min;进汽参数为0.52MPa(绝压),82℃,106t/h;排汽参数为0.17MPa(绝压),42℃,106t/h;工质泵参数为扬程45m。

电动机功率18kW。

2)螺杆膨胀机的配套工艺技术

设计思路:为实现留北地热综合利用,实现"热、电、油"联采,设计留北地热水采出后经过气液分离器分离后先进行螺杆膨胀机发电,发电后的尾水(90~85℃)经过换热(为清水换热),换热后的清水经过热水泵分别输送到留一联、路3站、路27站和路15站,为4座站维温,实现4座站停运加热炉。

按照上述设计思路,留北地热发电设计工艺流程如图4-6所示。

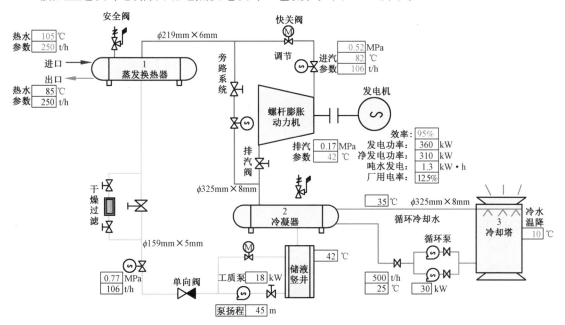

图4-6 地热发电系统示意图

发电流程主要包括清水循环、工质循环和冷却水循环。

(1)清水循环:地层采出地热水经过气液两相分离后进入板式换热器,为换热器内的清水换热,换热后的高温清水进入蒸发器为工质换热(HCFC-123,俗称R-123),换热后的低温清水再返回到板式换热器中进行加温。

(2)工质循环:工质换热(R-123)在常温状态下为液态,在发电过程中,经过工质泵从储液罐输送到蒸发器中,在蒸发器中通过高温清水加热35℃以上蒸发变为气态,气体膨胀推动螺杆膨胀机(进汽压力大于0.52MPa)转动,从而带动发电机发电。气态工质经过螺杆膨胀机后进入冷凝器冷凝,变为液态工质,流回储液罐。

(3)冷却水循环:清水从冷却塔通过循环泵进入冷凝器,为发电后的工质进行冷却,冷却工质后的清水再回到冷却塔。

3)主要设备性能及参数

(1)板式换热器:主要给工质加热的清水换热,其型号为BJC-5.85R-1.6/1.6,热负荷5.85MW,设计温度150℃,工作压力0.2MPa。

(2)蒸发器型号2010R006,设计压力(管程/壳程)0.4/0.6MPa,换热面积393.4m²,折流板间距642mm。

(3)冷凝器型号2010R005,设计压力(管程/壳程)0.2/0.3MPa,换热面积421.6m²。

(4)玻璃钢冷却塔:工质膨胀做功后需要迅速变为液态流回工质罐,因此需要大量的冷却水冷却工质,由于膨胀做功的进汽量设计为106t/h,通过计算,同时考虑到留北地热取得初步成功后发电机扩容的需要,设计冷却塔及其配套装置一套,冷却塔设计排量500m³/h,采用电动机(电动机功率22kW)风扇冷却,冷却循环泵两台(开一备一),排量500m³/h,扬程20m,功率45kW。

为保证循环水的水质,循环水流程设计无阀过滤器,自动反冲洗,当过滤器进出口压差增大时进行反冲洗,处理水量20m³/h,压力0.6MPa。进水浊度不大于20NTU,出水浊度不大于3NTU,正常滤速10m/h,平均反冲洗强度151/(s·m²),反冲洗时间5min。

三、地热维温换热系统方案设计

1. 留北油田基本情况

留北油田目前有联合站1座,接转站2座,集中供热站1座,开井59口。留一联共接收路27、路15、路3、留23和留北潜山5个断块来液,日产纯油输至河一联,产出污水经处理后在留北地区潜山井回注。

留一联油站设计原油处理能力100×10⁴t/a,目前三相分离器处理能力为3500~4000m³/d;留一联外输能力50×10⁴t/a;污水处理能力75×10⁴m³/a;设计注水能力91.25×10⁴m³/a,实际注水为2500m³/d,已达到设计注水能力,6台注水泵开4备2,泵效为77%。

留北油田油气集输系统现状为热回水三管伴热集输工艺方式,热量分别来自留一联、路15、路27和路3站。伴热用维温热水加热,循环依靠燃油热水炉、回水罐和热水泵系统。本工程建成后改用地热水对维温水加热升温,取代4座站已建燃油热水炉,实现了节约能源的目标。各站已建燃油热水炉系统作为备用系统暂停使用。

地热水先进行发电,然后由发电站出口(88~90℃)送至板式换热器组,为留北油田各站维温回水换热升温。留北换热站地热水和维温水基本换热流程如图4-7所示。

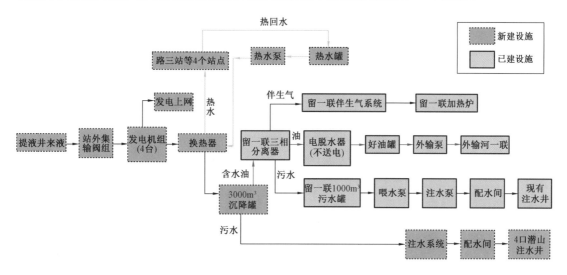

图4-7 留北换热站地热水和维温水基本换热流程

2. 各站所需热负荷、维温水量及地热水量计算

留北油田4个站点,即留一联、路三站、路15站和路27站共有燃油、燃气热水炉9台,每年需消耗燃料油4330.7t(表4-12),冬季按121天计,燃料油消耗最大为1841.7t。根据燃油量计算其热负荷公式如下:

表4-12 留北油田燃油热水炉热负荷表

季节	年燃油量 (t)	热负荷 (10^6kcal/h)
夏季	1147(121d)	3.79
春秋季	1342(121d)	4.36
冬季	1841.7(121d)	5.39
小计	4330.7	

$$Q_冬 = \frac{1000G_冬 R}{121 \times 24}$$

式中 $Q_冬$——热水炉冬季燃油热水炉的热负荷,kcal/h;

$G_冬$——热水炉的燃油量(冬季天数取121d),t;

R——燃料油热值,取8500kcal/kg。

3. 留北油田4个站热水炉所需维温水量

(1)热负荷值取表4-12中冬季的燃油量,然后按照各站实际消耗量进一步分解。

(2)维温水热水温度取80℃,回水温度50℃。

(3)水源:初次供水来自留一联。各站回水通过新建维温水的回水阀组,各站的回水切换进入留北换热站的回水罐循环使用。

（4）留北油田各站冬季所需维温水量见表4-13。

表4-13　留北油田维温水量计算表

项目	冬季燃油量 （t）	燃油折算热负荷 （kcal/h）	燃油折算热负荷 （kJ/h）	温差 （℃）	计算水量 （m³/h）	实际水量 （m³/h）
留一联	242	1252424	5243650	50~80	46	60
路27站	436	1276171	5343072	50~80	47	60
路三站	460	1445337	6051339	50~80	54	65
路15站	484	1416667	5931300	50~80	52	65
合计	1841.7	5390599	22569361			250

注：实际水量取1.2倍左右的系数后取整，计算水量中还考虑了0.9的换热器效率；留一联的热负荷值还包括留一计的燃油量，同时冬季加1.5倍的系数；路三站的热负荷值还包括300m³/d的燃气量折算值。

4. 留北4个站维温所需地热水量

（1）热负荷值取表4-13中冬季的燃油量，然后按照各站实际消耗量分解。

（2）地热水温度取发电后的排水温度88~90℃，地热水换热器排出温度60℃左右。

（3）留北油田4个站冬季维温换热所需地热水量详见表4-14。

表4-14　留北油田地热水量计算表

项目	冬季燃油量 （t）	燃油折算热负荷 （kcal/h）	燃油折算热负荷 （kJ/h）	温差 （℃）	计算水量 （m³/h）	实际水量 （m³/h）
留一联	242	1252424	5243650	60~90	46	60
路27站	436	1276171	5343072	60~90	47	60
路三站	460	1445337	6051339	60~90	54	65
路15站	484	1416667	5931300	60~90	52	65
合计	1841.7	5390599	22569361			250

注：计算水量中考虑了0.9的换热器效率，实际水量取1.2倍左右的系数后取整。

根据上述计算，地热水总量和维温水总量均为250m³/h。

5. 换热方式及换热器

对于留北油田的4个供热站，考虑到采出水矿化度高等特点，选用水源井采出水通过换热器换热后进行维温换热，为此对换热器进行优化设计。

利用地热发电后的余热与单井伴热循环水换热。设计10口井下泵后地热水总量6000m³/d，考虑到留北潜山水体大，在进行单井试采期间电动潜油泵的泵效均为120%。在留北地热站建设投产后，留北油田其他断块的采出液经过分离后污水全部回灌到留北潜山，使留北潜山形成一定的自喷压力。因此，计算换热器的面积时总水量按照8000m³/d计算，含水量98%，地热水温度110~120℃，发电后温度降为90~95℃，换热后温度降为65~70℃，与单井伴热循环水换热（进换热器温度50~60℃，出口温度85~90℃）。

换热器安装留北换热站，利用清水在换热站内集中换热，然后输至4座站点进行维温。

根据计算,地热水总量和维温水总量均为250m³/h。

（1）地热水循环水量。

地热水放热总量 $V_h = 8000m³/d = 333.34m³/h$。

介质进口温度 $90 \sim 95℃$，$T_1 = (90 + 95) \times \frac{1}{2} = 92.5℃$；出口温度 $65 \sim 70℃$，$T_2 = (65 + 70) \times \frac{1}{2} = 67.5℃$。

$\Delta T = 25℃$，查资料表得：$\rho_h = 977.8kg/m³$，$CP_h = 1.000kcal/(kg \cdot ℃)$。

$Q_{放} = V_h \cdot \rho_h \cdot CP_h \cdot \Delta T = 333.34 \times 977.8 \times 10 \times 25 = 8148496.3kcal/h$。

循环水的进口温度 $50 \sim 60℃$，$t_1 = (50 + 60) \times \frac{1}{2} = 55℃$；出口温度 $50 \sim 60℃$，$t_2 = (85 + 90) \times \frac{1}{2} = 87.5℃$。

$\Delta t = 32.5℃$，查资料表得：$\rho_c = 988.1kg/m³$，$CP_c = 0.997kcal/(kg \cdot ℃)$。

$$Q_{吸} = Q_{放}$$

$$Q_{吸} = V_c \cdot \rho_c \cdot CP_c \cdot \Delta t$$

$$8148496.3 = V_c \times 988.1 \times 0.997 \times 32.5$$

$$V_c = 254.5m³/h = 6108m³/d$$

循环水需要量为6108m³/d。

（2）换热面积计算。

假设换热器取为单壳程、多管程,计算两流体平均温度差(按逆流计算)(图4-8)。

$\Delta t_1 = T_1 - t_2 = 92.5 - 87.5 = 5(℃)$，$\Delta t_2 = T_2 - t_1 = 67.5 - 55 = 12.5(℃)$。

因 $\Delta t_1 / \Delta t_2 = \frac{5}{12.5} = 0.4 < 2$，$\Delta t_m$ 按算术平均温度 $(\Delta t_1 + \Delta t_2)/2$ 来代替对数平均温度差。

对数平均温度差 $\Delta t_m = (5 + 12.5)/2 = 8.75(℃)$。

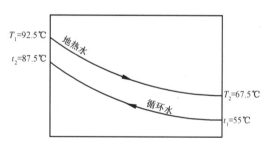

图4-8 两种流体均无相变的逆操作情况

$$Q = KA\Delta t_m$$

根据《化工工艺设计手册》,总传热系数经验值 $K = 1200 \sim 2440kcal/(m² \cdot h \cdot ℃)$，本计算中取 $K = 1500kcal/(m² \cdot h \cdot ℃)$。

$Q = Q_{放} = 8148496.3kcal/h$，$A = \frac{Q}{K \cdot \Delta t_m} = \frac{8148496.3}{1500 \times 8.75} = 620.84(m²)$。

考虑到传热过程中的热量损失,取 $1.25A = 776m²$。

（3）换热器。

换热器是用来进行热、冷两种流体热交换的设备,热流体和冷流体同时在容器内传热壁面两侧流动,热量穿过壁面从热流体传给冷流体。对于换热器的性能总的要求是传热性能好,流体流动阻力小,结构紧凑,耐热、耐压,使用寿命长,安全可靠。

地热工程中应用的换热器,一类是在供热系统,另一类是在发电系统。供热系统使用换热器主要是防止地热水对金属设备的腐蚀。这类换热器主要是水—水换热,采用最多的形式是用钛材料制作的板式耐腐蚀换热器。它的特点是:传热性能好,总传热系数为 5800 ~ 6800W/($m^2 \cdot K$),水—水换热的允许温差接近 1.2℃,使用时拆装组合灵活性强,清洗维修方便,占地面积小,适用于中低温地热资源的直接供热利用。板式换热器存在的问题是耐压、耐温受到结构的限制,一般产品的使用压力在 1.6MPa 以下,水温一般在 100℃ 以下。

对于高温、高压的地热水直接供热利用,多采用传统的波纹管折流杆管壳式换热器,其特点为:性能可靠性、工艺完善性、技术成熟性及安全性高。波纹管多采用钢管、不锈钢管和钛管压制,耐压可达到 4MPa 以上,特别是对于较高压力、温度的适应性好。弱点是传热性能较差,总传热系数为 850 ~ 1560W/($m^2 \cdot K$),体积较大。

其中波纹换热管的参数如下,材质根据留北潜山地层采出水的化验结果对材质进行优选:规格 $\phi 20 \times 1.0$,波距 $w = 20$,波高 $h = 2.0$,换热管公称长度 $L = 4.5m$ 。

(4)换热器的数量。

总换热面积为 776m² ,单台换热器的面积为 190,因此换热器的数量为 4 台。

(5)换热器材质选择。

根据现场换热器使用情况以及调研情况,本工程选用使用寿命长的波纹管换热器作为该项目的换热设备。由留北油田水质资料可知,采出液中氯离子的含量较高,最高含量高达 2582mg/L ,氯离子半径小,穿透能力强,因此容易穿过金属表面已有的保护层造成对碳钢、不锈钢及其他合金强烈的缝隙腐蚀、孔蚀与应力腐蚀等。

因此,对于留北地热换热设备材质,优选为 0Cr18Ni9,管板材质 16MnII(锻),设备法兰材质 16MnII(锻),筒体材质 Q345R。

6. 留北油田热水炉燃料替代方案

本项目实施后 4 座站原有的热水炉燃油系统停止使用,改为备用。新的维温系统是利用地热水对原油伴热维温水进行升温,加热到原热水炉出口温度,可实现节油和减少油气排放的污染。

据调查,目前该油区热水炉用于油气集输的热水温度为 80 ~ 85℃ ,回水温度在 50℃ 左右。

根据留北油田需进行热水炉燃油替代的 4 座站有 9 台燃油热水炉的分布位置,新建维温水集输干线流程确定为串式流程。

1)新建热水集输管线

起点为换热器维温水出口,经站内集输阀组去附近的留一联燃油热水炉;另一路作为干线去路三站、留3站和路27站,原则上沿各站已建集输管线带,热水管线分别到达每站的热水炉附近。由各站新建阀组送至每站的热水炉阀组附近,维温热水通过改造后的阀组去所辖各单井和计量站的三管伴热系统对集油管线进行伴热;另一路由各站新建阀组去下一站,直至到达终端站,如图 4 - 9 所示。

2)新建回水管线

各站维温伴热后的回水按照原路返回,通过各站新建阀组将沿途回水收集汇总,直至回到换热器维温水入口。再次与地热水进行换热升温至85℃,形成维温水密闭循环系统。

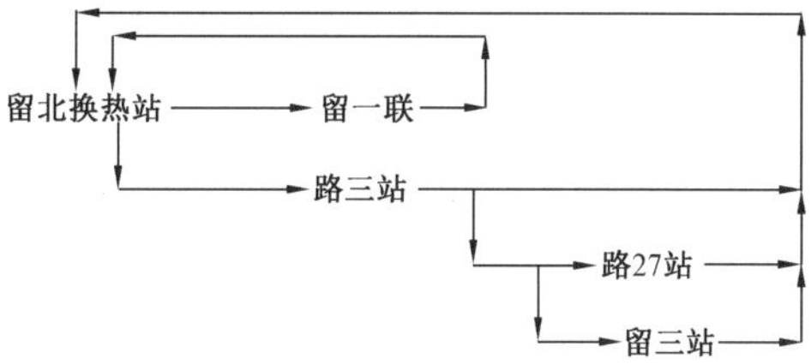

3)维温参数设计方案

根据干线流程走向和高效换热器换热的允许合理温差,设定3个设计方案。

图4-9 串式维温热水集输干线流程示意图

方案1:出站热供水温度85℃,热回水温度50℃。

方案2:出站热供水温度80℃,热回水温度50℃。

方案3:出站热供水温度75℃,热回水温度50℃。

(1)参数设置及管道水力计算。

3个方案分别用HYSYS软件建模,模型中将每个站的热水炉所管辖的单井和计量站目前消耗的热负荷值和输送压损值分别加载进热水炉单元,以保证维温水输送到每口单井并且顺利返回到站内所需消耗的热能与压能。另外,新建的维温水输送管线设定50mm厚聚氨酯泡沫塑料保温外加防水层,管线埋深均在冻土层以下,地温取5℃,还有考虑地面农田耕种土厚度,管底距地面埋深设为1.3m。

通过模型的多次优化计算,确定出沿途到各站集输管线的管规格和增压泵的选型参数。HYSYS计算模型计算结果汇总见表4-15至表4-17。

表4-15 方案1计算结果表(50~85℃)

集输管线始末点	热水管规格(mm×mm)	长度(m)	流量(m³/h)	起点温度(℃)	起点压力(kPa)	回水管规格(mm×mm)	长度(m)	管线材质
留北换热站—留一联	φ76×4	600	20	85	1300	φ76×4	600	20钢
留北换热站—路3站	φ219×6	3800	105	85	1300	φ219×6	3800	20钢
路3站—路27站	φ219×6	2500	81	83.9	1196	φ219×6	2500	20钢
路27站—留三站	φ159×5	4000	43	83	1154	φ159×5	4000	20钢
合计		10900					10900	

表4-16 方案2计算结果表(50~80℃)

集输管线始末点	热水管规格(mm×mm)	长度(m)	流量(m³/h)	起点温度(℃)	起点压力(kPa)	回水管规格(mm×mm)	长度(m)	管线材质
留北换热站—留一联	φ76×4	750	24	80	1300	φ76×4	750	20钢
留北换热站—路3站	φ273×7	3800	126	80	1300	φ273×7	3800	L245螺旋焊缝钢
路3站—路27站	φ219×6	2500	98	79	1252	φ219×6	2500	20钢
路27站—留三站	φ219×6	4000	52	78.3	1191	φ219×6	4000	20钢
合计		10900					10900	

表 4-17 方案 3 计算结果表(50~75℃)

集输管线始末点	热水管规格 (mm×mm)	长度 (m)	流量 (m³/h)	起点温度 (℃)	起点压力 (kPa)	回水管规格 (mm×mm)	长度 (m)	管线材质
留换热站—留一联	φ89×4	750	28	75	1300	φ76×4	750	20 钢
留北换热站—路 3 站	φ273×7	3800	150	75	1300	φ273×7	3800	L245 螺旋 焊缝钢
路 3 站—路 27 站	φ219×6	2500	116	74.2	1228	φ219×6	2500	20 钢
路 27 站—留三站	φ219×6	4000	63	73.7	1139	φ219×6	4000	20 钢
合计		10900					10900	

3 个方案增压泵计算结果见表 4-18。

表 4-18 3 个方案增压泵计算结果表

站名	方案 1(50~85℃)	台数	方案 2(50~80℃)	台数	方案 3(50~75℃)	台数
留北 换热站	$Q=125m^3/h$ $p=1300kPa$ $N=75kW$	2 台(开 1 备 1)	$Q=150m^3/h$ $p=1300kPa$ $N=90kW$	2 台(开 1 备 1)	$Q=178m^3/h$ $p=1300kPa$ $N=110kW$	2 台(开 1 备 1)
留三站	$Q=44m^3/h$ $p=450kPa$ $N=11kW$	2 台(开 1 备 1)	无		$Q=116m^3/h$ $p=500kPa$ $N=37kW$	2 台(开 1 备 1)
合计功率	86kW	4	90kW	2	147kW	4

(2)设计方案比选。

方案 1:维温水换热温差为 85℃ - 50℃ = 35℃,维温伴热系统循环水量为 125m³/h;共新增热水泵 4 台,运行 2 台,年运行耗电量为 753360kW·h。该系统工程投资为 2068 万元。

方案 2:维温水换热温差为 80℃ - 50℃ = 30℃,维温伴热系统循环水量为 150m³/h;新增热回水增压泵 2 台,运行 1 台,年运行耗电量为 788400kW·h。该系统工程投资为 2079 万元。

方案 3:换热器热回水温差为 75℃ - 50℃ = 25℃,维温伴热系统循环水量为 178m³/h;新增热回水增压泵 4 台,运行 2 台,年运行耗电量为 1287720kW·h。该系统工程投资为 2846 万元。

(3)对比结论。

根据以上 3 个方案的对比分析,方案 1 工程投资最低(比方案 3 低 778 万元),电动机运行耗电量也最小(比方案 3 年耗电量低 534360kW·h),所以推荐方案 1。

四、地热水集输系统

1. 单井地热水计量阀组间

根据地质部门的方案拟定建立地热井 22 口,其中 15 口提液井、7 口回灌井,这些井都是油气生产旧井,通过井下作业处理后改造而成,单井采液量 800m³/d,其中含水大于 98%,油气比 6m³/t。井底地热水靠电动潜油泵举升至地面,地面井口压力 0.6MPa,井口温度 101℃。

现有集输系统已建的单井集输管线规格是 $\phi60mm \times 3.5mm$，输量为 $20 \sim 30m^3/d$，无法满足地热水单井采液输量的要求且管线已使用多年，均存在结垢和腐蚀情况。因此15口地热水井的单井集输管线和集输干线需新建，集输管线平均按500m计。另外，还需新建两个地热水集输阀组。

1）留一计新阀组

拟建在已建留一计西侧，新阀组辖8口地热水井，有留32−2井、留32−3井、留32井、留42井、留33井、新留52井、留51井和留35井，地热水进阀组汇集后由1条集输干线（长度2000m）输至换热发电站。

2）留三计新阀组

拟建在已建留三计东侧，新阀组辖7口地热水井，有新留检1井、留25井、留65井、留26井、留44井、留24井和留检3井。地热水进阀组汇集后由1条集输干线（长度1800m）输至换热发电站。

2. 集输管道的优化计算及结果

整个集输系统使用HYSYS软件进行建模计算，将已知集输管线数据输入地热水集输系统模型，经多方案优化计算确定出合理的集输参数。计算结果见表4−19。

表4−19　$12000m^3/d$ 集输系统水力、热力计算结果表

项目	起点温度（℃）	起点压力（kPa）	液体流量（m^3/d）	管规格（$mm \times mm$）	长度（m）	流速（m/s）	备注
单井	101	600	800	—	—	—	
单井集输管线进阀组	100.6	577.6	800	$\phi133 \times 5$	500	0.83	
留一计阀组管线进换热站	100.4	463.4	6398.4	$\phi273 \times 7$	2000	1.49	辖8口井
留三计阀组管线进换热站	100.4	498.3	5601.6	$\phi273 \times 7$	1800	1.30	辖7口井

1）计算结果

留北潜山地热水单井管线确定为 $\phi133mm \times 5mm$，保温层厚50mm，保温材质为耐高温聚氨酯泡沫塑料外加防水层，管线埋地处温度5℃，每千米温降约为0.3℃压降约为25kPa。

需要说明的是，根据油气集输设计规范规定的经济流速计算，单井集输管规格为 $\phi114mm \times 5mm$ 更为合理。但是为了满足尽量减少地热水在管线沿途的压降和温降损失的原则，充分将地下资源能量利用在发电和维温方面，所以定为 $\phi133mm \times 5mm$。

留一计新阀组和留三计新阀组至换热发电站集输干线管线均为 $\phi273mm \times 7mm$，保温层厚50mm，保温材质为耐高温聚氨酯泡沫塑料外加防水层，管线埋地处温度5℃，每千米温降约为0.3℃，压降 $80 \sim 115kPa$。

2）管道走向与敷设

单井管线、集输干线的走向原则上取直，管线均埋地敷设在冻土层以下，考虑地面农田耕种土厚度，确定管底埋深为1.3m。

3. 采出水单井集输系统管道及管材选择

本采出水集输管道类型有单井集输管线及集输干线。管线用管是集输管道系统的重要组

成部分,由于采出水温度高,并含有多种腐蚀性化学成分,会对采出水管线造成严重的腐蚀破坏。此外,采出水矿化度较高,溶解在采出水中的难溶盐超过其饱和度时,易发生结垢问题,从而引发管道管径减小,水流阻力增加,能耗增加,结垢严重时甚至造成管道堵塞。管材选择的基本原则就是选用可行的输送管材和防腐防结垢措施,确保安全可靠地运行。

1)水质分析

留北留路潜山采出水均含有多种化学成分,它们对金属管材的腐蚀有重大影响,通过对表4-20至表4-22中数据分析发现,腐蚀的主要元素有氯离子(Cl^-)、硫酸根离子(SO_4^{2-})、pH值及垢下腐蚀。

表4-20 留32井采出水水质分析数据表

分析项目	测试结果	分析项目	测试结果
$K^+ + Na^+$(mg/L)	1930	水温(℃)	108
Mg^{2+}(mg/L)	22.6	pH 值	8.15
Ca^{2+}(mg/L)	74.7	总矿化度(mg/L)	5514
Cl^-(mg/L)	2582	总硬度(mmol/L)	2.79
SO_4^{2-}(mg/L)	279.7	总碱度(mmol/L)	10.3
HCO_3^-(mg/L)	590.2	总 Fe(mg/L)	0.5
CO_3^{2-}(mg/L)	35.2	水型	$NaHCO_3$

表4-21 腐蚀试验数据

取样地点	温度(℃)	腐蚀速率(mm/a)
留32井采出水	90	0.226
	90	0.225
	110	0.263
	110	0.268

表4-22 不同温度 $CaCO_3$ 结垢试验数据

取样地点	温度(℃)	结垢率(%)	$CaCO_3$ 沉积量(mg/L)
留32井采出水	50	50.0	93.16
	60	56.3	104.8
	70	68.8	128.1
	80	75.0	139.7
	90	75.0	139.7

Cl^-是阻止和破坏金属表面阳极极化、引起局部腐蚀(点蚀、孔蚀)的重要因素。在 Cl^- 浓度较大的采出水中,即使溶解氧浓度不大,金属表面的钝化膜仍会被破坏。因此,氯离子的腐蚀性最强。当 Cl^- 含量大于200mg/L时,对绝大多数管材均有腐蚀作用。

SO_4^{2-} 也是加速金属局部腐蚀的因素。低浓度下,SO_4^{2-} 的腐蚀性高于 Cl^-。当 Cl^- 和 SO_4^{2-} 浓度都达一定限度时,Cl^- 的腐蚀率大于 SO_4^{2-}。

当采出水在管线内壁出现结垢沉积物后(一般是 $CaCO_3$ 垢),该物质在采出水的流动冲刷状态下,很难形成均匀致密的保护膜,而是容易出现局部阳极区而加速腐蚀。同时垢在金属壁上是物理沉积,垢层与器壁间的缝隙形成闭塞区。根据闭塞电池腐蚀理论,在缝隙、裂缝或蚀孔内,阴离子(如 Cl^-、SO_4^{2-})会迁移入闭塞区,进一步促进阳极化过程,加速金属腐蚀。

水质分析试验结论:

(1)留 32 井采出水 pH 值为 8.15(偏碱性),HCO_3^- 容易与水中 Ca^{2+} 结合达到 $CaCO_3$ 容度积形成 $CaCO_3$ 垢。水中总 Fe 含量为 0.5mg/L,说明系统已经存在腐蚀(表 4-20)。

(2)留 32 井采出水室内静态腐蚀试验,在 90~110℃时,腐蚀速率为 0.225~0.268mm/a,大于规范规定的 0.076mm/a(表 4-21)。

(3)留 32 井采出水在不同温度(50~80℃)条件下测试结果(表 4-22)表明:随着温度升高,结垢率逐渐增大,由 50.0% 增大到 75.0%,$CaCO_3$ 沉积量由 93.16mg/L 增大到 139.7mg/L。当温度大于 80℃后,结垢率趋于稳定。说明采出水温度在 110℃以下条件下运行时,$CaCO_3$ 沉积量一直将会以 139.7mg/L 的比率结垢。

采出水质对材质选择影响因素有两个:第一,必须满足地液温度 110℃左右高温的影响;第二,必须满足留北偏碱性水质及富含氯离子和硫酸根的腐蚀影响。

留北油田采出水含 Cl^- 高达 2582mg/L,污水对管线的内腐蚀严重,必须采取有效防腐措施;而矿化度高达 5514mg/L,结合污水所含各种离子量进行分析,表明管线内壁有结垢倾向,应该采取防垢措施。

2)管线材质选择

本次设计对可选用的钢管及非金属管管材的各项物理性能及工程造价进行比选。

通过对比(表 4-23)可以看出,钢管的强度、弹性模量比非金属管大,线膨胀系数略小于非金属管材,热传导系数及粗糙度远远大于非金属管。另外,非金属管在采出水中使用寿命可达 15~30 年,是钢管的 5~10 倍,并且金属管材的工程造价高于非金属管材 1.1~1.5 倍。

表 4-23 非金属管和普通钢管性能对比表

项目		玻璃钢管	高分子聚合物复合软管	钢管
轴向拉伸强度(MPa)		80	170	390
轴向弯曲强度(MPa)		160	267	390
屈服强度(MPa)		150	190	245
弹性模量(MPa)		9300	9800	200000
线膨胀系数[m/(m·℃)]		2.2×10^{-6}	3.0×10^{-6}	1.2×10^{-6}
热传导系数[W/(m·℃)]		0.355	0.3	39
平均绝对粗糙度(mm)		0.0015~0.01	0.0015~0.01	0.2~0.3
环向弯曲强度(MPa)		120	267	390
适用温度(℃)		-40~120	-50~260	40~300
密度(g/cm³)			1.14	7.8
工程造价 (万元/km)	$\phi114 \times 5mm$(含穿路等)	65.3		70.4
	$\phi133 \times 5mm$(含穿路等)	84.26		84.45
	$\phi273 \times 7mm$(含穿路等)	143.79		215.5

两种管材的优缺点对比见表 4 - 24。

表 4 - 24　两种管材的优缺点对比表

管材	优点	缺点
无缝钢管	(1)在使用上经验成熟,解决冻堵问题较为容易; (2)温度适应性好; (3)价格较低; (4)有广泛的、成熟的工程业绩	易腐蚀、结垢,使用年限较短
非金属管	(1)管材耐腐蚀,内部粗糙度小,管线摩阻低,不易结垢,使用年限较长; (2)管材导热系数小,为钢管的1/120。保温层厚度比钢管薄; (3)管材质量小,安装简单方便; (4)无需再加防腐措施,故施工造价低于钢管	(1)施工需要厂家现场指导安装,施工人员需提前培训; (2)玻璃钢管材不耐撞击,在运输和施工中管线易损坏; (3)持久耐高温性较差; (4)对于玻璃钢管材,国内同类项目中常提高压力等级使用; (5)耐120℃高温方面缺业绩,需确认

通过对以上两种管材的物理性能、投资、工程业绩及生产管理需要方面的对比,在含水、集输温度较低的情况下,采用非金属管材较为合理。而且非金属管材的耐腐蚀防结垢性能强、导热系数低、内部粗糙度值低、施工安装方便的优点是本项目所期望的。但是经过综合分析,留北采出液的水质指标不属于腐蚀非常严重的范畴,且非金属材料在油田领域缺少用于110℃以上的工程业绩。为保险起见,本单井集输管线推荐20无缝钢管,集输干线仍推荐L245螺旋焊缝钢管。同时,建议对非金属管材设立分项科研课题,在第三采油厂先导项目中的采出水单井管线上使用这种非金属管材,试验成功后再推广到本工程。

4. 采出水管道材质的防腐和防结垢措施

1)管道外防腐措施

设计温度超过110℃的埋地保温管道,使用的外防腐层主要有环氧煤沥青、耐高温液体涂料。

环氧煤沥青(最高温度110℃),具有技术成熟、价格较低($35 \sim 40$ 元/m^2)的优点。环氧煤沥青防腐层分为普通级、加强级和特加强级,加强级和特加强级都有玻璃布缠绕,由于是手工操作,缠绕施工中容易出现因玻璃布浸漆不饱满产生空鼓的现象,使环氧煤沥青防腐层质量难以保证。环氧煤沥青由于是溶剂型涂料,在施工过程中固化时间过长,固化时间至少需8h,溶剂挥发产生较多针孔,防腐层电阻率达不到设计规定的 $10000\Omega \cdot m^2$,此涂层尤其不适合于直管的批量生产,本设计不选用。

设计采用酚醛环氧耐高温液体涂料,耐温可达到200℃,常温涂覆,对管道喷砂除锈,除锈等级达到Sa2.5级,干膜厚度250μm。

2)管道保温、外防护

埋地管道对保温层的性能要求是:较小的导热系数,较低的吸水率,较低的容重,具有一定的抵抗土壤应力的能力。

目前国内埋地保温管线使用的保温层主要有硬质聚氨酯泡沫塑料、疏水性硅酸盐管壳、玻璃纤维棉被、疏水性硬质岩棉管壳等,保温层性能见表 4 - 25。

表 4 – 25　保温层性能表

项目	硬质聚氨酯泡沫塑料	疏水性硅酸盐管壳	玻璃纤维棉被	疏水性硬质岩棉管壳
导热系数[W/(m·K)]	0.027	0.036	0.035	0.034
优点	与保护层同时施工,保温性能及防水性能均好	价格比较便宜,施工方便	价格比较便宜,施工方便	价格比较便宜,施工方便
缺点	工艺较复杂,价格较高	吸水率较高,抗压强度低,对人体皮肤有刺激性,因质软容易出现外保护层开裂	吸水率较高,对人体皮肤有刺激性,因质软容易出现外保护层破裂	抗压强度有所增加,但保温性能仍低于硬质聚氨酯泡沫塑料
施工方法	工厂预制	现场施工	现场施工	现场施工

疏水性硅酸盐管壳、玻璃纤维棉被及疏水性硬质岩棉管壳价格均较便宜,但其导热系数均大于硬质聚氨酯泡沫塑料,且保温管壳是一块块手工捆绑的,必然使整体保温层不连续,存在接缝,一旦防护层失效,腐蚀介质容易从接缝处直接进入防腐层表面。

玻璃纤维棉被太软,在运输和施工过程中容易出现外保护层破裂的现象,且其吸水率较高,当土壤中的水分被吸入后,管道仿佛被一条湿棉被包覆,极易发生腐蚀穿孔。

疏水性硅酸盐管壳的抗压强度不高,易出现外保护层受损破坏的现象,影响保温效果。疏水性硬质岩棉管壳及硬质聚氨酯泡沫塑料管壳,适合于现场作业,但外保护层只能采用冷缠聚乙烯胶带或沥青玻璃布,采用胶带做保护层搭接较多,施工不好或长期埋地后胶层老化容易渗水。采用沥青玻璃布做保护层,在生产过程中产生烟气,环境污染非常严重,且其力学性能较低。

本工程为热水管线,由于是依靠热能进行发电,管道沿线温降越小越好。而上述 3 种保温防腐方式,保温管壳存在接缝,胶带防腐层存在搭接,沥青玻璃布容易破损,故都降低了保温效果。工厂预制的连续的硬质聚氨酯泡沫塑料保温层与聚乙烯夹克层(一步成型),不仅具有较好的防腐效果,而且热能损失也大大降低。本设计将聚乙烯层厚度由规范要求的 1.6mm 提高至 2.0mm,以提高防护层的力学性能。

埋地管道防腐保温结构为:酚醛环氧防腐层(干膜厚度 0.25mm) + 聚氨酯泡沫塑料保温层(耐温 120℃,厚度 50mm) + 黑色聚乙烯防护层(厚度不小于 2.0mm)。埋地管道防腐保温需在管道防腐保温厂预制,管道两端头加防水帽。防腐保温管端头执行 SY/T 0415—1996《埋地钢质管道硬质聚氨酯泡沫塑料防腐保温层技术标准》。

按 SY/T 0415—1996《埋地钢质管道硬质聚氨酯泡沫塑料防腐保温层技术标准》的要求,在防腐保温管现场补口,防腐层采用酚醛环氧涂料(干膜厚度 0.25mm);保温层采用硬质聚氨酯泡沫塑料(现场发泡),厚 50mm;防护层采用辐射交联聚乙烯热收缩带,厚度不小于 2.3mm。

补口、补伤及质量检验按 SY/T 0415—1996《埋地钢质管道硬质聚氨酯泡沫塑料防腐保温层技术标准》第 7 章的规定进行。

冷弯弯管采用酚醛环氧涂料防腐,硬质聚氨酯发泡保温,外防护层采用带有轴向纵缝聚乙烯管包敷,包敷后纵缝采用塑料焊接。

热煨弯头采用酚醛环氧涂料防腐,硬质聚氨酯发泡保温,外防护层采用辐射交联聚乙烯热收缩带缠绕。

3)管道内防腐

因管道内介质富含 Cl^-,根据资料 Cl^- 的最高含量高达 2582mg/L,具有较强的腐蚀性,采出水在110℃时,$CaCO_3$ 沉积量为 139.7mg/L。

一般来说,管道防腐可采用介质内添加缓蚀剂、管道内壁衬里及选用耐蚀材料措施。

当温度超过80℃时,缓蚀剂成膜率低,添加缓蚀剂需要较大的用量,投资很高,故不添加缓蚀剂。

管道内防腐即内衬里所采用的材料品种很多,目前较为常用的材料有塑料管衬里(适合旧管道修复)、水泥砂浆衬里(适合大管径的输水管道)、固体涂料衬里和液体涂料衬里。无论采用固体涂料衬里还是液体涂料衬里,管道补口部位的内防腐处理都是最复杂的。由于管道内防腐投资很高,按照本工程节约投资、力求经济效益最大的原则,管道不做内防腐。

4)管道防结垢措施

当水中的矿物质含量超过其饱和溶解度时,方解石晶体就会析出形成水垢并黏附在器壁上,同时水垢也在不断地溶解成离子重新回到溶液中;当离子析出形成水垢的速度快于水垢溶解成离子的速度时,垢层厚度逐渐增长;当二者速度相等时,垢层厚度不再增长;反之,垢层厚度逐渐减少。

(1)防垢除垢机理。碳酸钙(镁)晶体在水中有两种存在形式:一种是方解石,其黏附性很强,晶体颗粒较大;另一种是文石(也称为霰石),其黏附性很弱,晶体颗粒较小。

(2)防垢。电子除垢器(图4-10)的电子感应水处理仪通过主机在水中产生一个频率、强度都按一定规律变化的感应电磁场。该电磁场使水中的钙(镁)离子和酸根离子结合成大

量的文石晶核,当水中矿物质含量超过水的饱和溶解度时,钙(镁)离子和酸根离子(统称成垢离子)就会析出并优先生长在这些晶核上形成文石晶体,这样向器壁上析出的垢被转化成向悬浮在水中的大量文石晶核上析出,这些文石晶体的黏附性很弱,呈松软絮状,悬浮在水中,很容易被水流冲走,这样即可达到防垢的目的。

(3)除垢。原来器壁上的垢仍在不断地向水中溶解,在除垢器的作用下,成垢离子向器壁上的析出被向悬浮在水中的大量文石晶核上析出取代,即大量的文石晶体析出取代了方解石析出,原水垢逐渐溶解,由于溶解速度不均,垢会变得疏松并脱落被水流冲走。

(4)活化作用。电子除垢器的电磁场同时可破坏水分子间的氢键,水的大分子团被打碎,形成大量的小水分子团,水的表面张力降低,水的活性增强,水的溶解度提高,渗透力增强;

图4-10　电子除垢器

（5）杀菌机理。水垢是细菌的滋生地,清除了水垢,也就清除了细菌的滋生地;并且水中的感应电场破坏了细菌的细胞壁,使其难以生存;处理后的水溶解能力提高,水中溶解氧量会提高,限制厌氧菌生长。

（6）除锈防蚀机理。水锈在除垢器感应电场的作用下被清除后,在水管内壁形成一层金属氧化膜,这层氧化膜会阻止新水锈生成。

根据电子除垢器的特点和留北油田的水质分析报告数据,对于碳酸盐、硫酸盐和硅酸盐型等垢,使用电子除垢器可以达到除垢防垢效果,同时可以降低施工作业强度,无须对管线开口,并且方便操作运行管理和维护。

选择在采出水集输干线 DN250 管起始各安装一台电子除垢器,可以对大口径或长距离管线进行除垢防护。

5. 采出水油气水分离工艺

1）油气水分离工艺设计原则

满足地质方案要求,满足地面工艺采出水集输生产需要,与地质条件和地面条件相配套;优选的方案先进、可靠,尽可能简单,并采用成熟的配套技术;满足采出水集输运行安全,保证长期安全生产要求;采出水集输工程设计要防止环境污染,设计内容符合相关标准的要求;优选的方案具有经济可行性;满足工程工期的要求。

2）油气水分离工艺流程

由于留北地热水中含有少量的原油（2%左右）且油气比为 $6m^3/t$,这部分油气对换热器和发电机组设备的长期运行不利,原油易聚结在设备内部的管路或设备内壁造成堵塞,伴生气在管路流动过程中形成气泡影响传热效果。因此,应在进入设备之前予以脱掉。为此设置三相分离器装置。

通过对留路油区取样进行了原油不加药沉降脱水实验以及与采油厂结合后的选型计算,确定在换热站新建一具卧式三相分离器,规格为 $\phi 3.6m \times 10m$,分离沉降时间 25min。

三相分离系统流程简示图如图 4 – 11 所示。

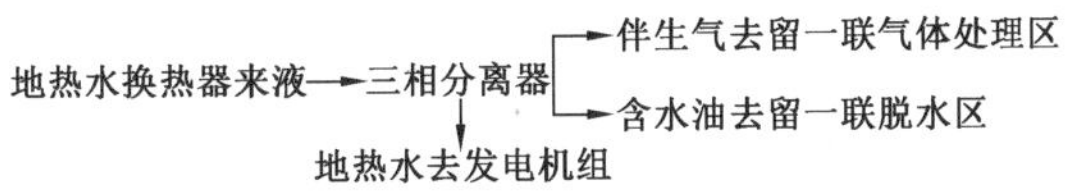

```
                      ┌──→ 伴生气去留一联气体处理区
地热水换热器来液──→三相分离器┤
                      │    含水油去留一联脱水区
                      └──→
         地热水去发电机组
```

图 4 – 11　三相分离系统流程简示图

第四节　工程仪表自控系统方案设计

一、自控系统设计原则及控制水平

1. 设计范围
对留一联换热发电站生产过程中压力、温度、液位、流量进行检测和控制。

2. 选择的原则
（1）严格遵守、执行国家和行业的方针政策和有关标准规范。

（2）满足生产工艺过程及生产管理模式的要求，本着安全可靠、操作平稳、数据准确、科学管理的原则。

（3）立足国内成熟技术，降低自动化投入成本，确保安全可靠、性能稳定、适应性强、经济合理，提高性能价格比和生产效益。

（4）采用可靠性高、稳定性高、便于维护的数字显示仪和数字控制仪，保证换热站安全、高效、平稳运行。在满足工艺和生产管理需要的前提下，尽量简化检测和控制回路。

3. 控制水平

为了保证该站内设施安全、可靠、平稳、高效、经济地运行，对于该站的控制采用数字显示控制仪和数字显示仪。

预期目标和自控水平：采用通用的二次仪表，数字显示控制仪和数字显示仪对换热发电站生产过程中的压力、温度、液位、流量进行检测和控制。

4. 检测及控制内容

（1）热工艺区：换热器高、低温出口温度指示；换热器高、低温出口压力指示；总供水温度、压力指示；总回水温度、压力指示；补水流量计量；软化水箱液位指示；补水泵压力指示。

（2）水工艺区：循环水池液位指示高、低液位报警；循环冷却塔回水温度、压力指示；循环水泵出口温度、出口压力指示；循环水供水流量、回水流量计量；污水池液位指示高、低液位报警；污水缓冲罐液位指示高、低液位报警。

（3）油工艺区：三相分离器液位、界面、压力的指示与控制。

二、自控仪表选型

1. 选型原则

本工程仪表控制内容主要有温度检测、压力检测、液位检测等。

站内现场仪表是检测工艺过程参数的关键环节，是准确、安全、可靠运行的重要依据。因此，选择的仪表必须能满足其所需的可靠性和精确度要求，满足其所处位置的压力等级以及所处场所防护等级的要求。

现场仪表的选型原则应遵守有关设计规范，选择技术先进、性能可靠、维护方便、适应当地环境条件、经济合理的现场仪表。关键仪表设备，当国内产品的功能和可靠性不能满足生产需要时，考虑引进国外产品。

仪表设备的设计选型应尽量统一，选用设备的制造厂家应尽量少，便于维修维护、购买备件和厂家售后服务。

2. 现场仪表的标准信号、防护等级

需要信号远传的检测仪表全部选用电动仪表，变送器应符合 IEC 标准，其输出信号为 4～20mA DC（二线制），供电电压 24V DC。

处于爆炸危险区域内的电动仪表，按隔爆型进行选型设计，防爆等级不低于 dIIBT4；仪表防护等级不低于 IP65。

3. 现场仪表选型

温度测量采用智能一体化温度变送器。压力检测采用智能压力变送器。液位检测将根据具体工况条件选用智能液位计。流量计量将根据具体使用场合和工况条件选用不同流量仪表。调节阀采用电动阀。

4. 主要工程内容

现场仪表的主要工程量为现场仪表安装前的单表调校、现场安装以及系统联调。

控制电缆采取直埋敷设方式。电缆埋深不小于 0.7m。控制电缆应采用不低于 $1.5mm^2$ 截面积铜芯电缆。

控制电缆采用阻燃屏蔽控制电缆,直埋时采用铠装电缆。控制电缆从仪表引出后,经防水挠性管和保护钢管引入地下。防水挠性管选用全不锈钢材料,避免因日晒老化造成断裂。

仪表及控制系统接地采用联合接地方式,不设独立接地系体。系统的工作接地和保护接地分别接入各自的接地汇总板,连接电阻不大于 1Ω,汇集到电专业接地装置,接地电阻不大于 4Ω。

现场仪表、接线箱、电缆屏蔽层都应做防雷接地。现场仪表防雷接地线,采用不低于 $4.0mm^2$ 截面积(黄绿相间)铜芯线。

第五节　供配电系统方案设计

一、负荷概况和负荷统计

根据 GB 50391—2014《油田注水工程设计规范》、GB 50350—2005《油气集输设计规范》规定,换热发电站热水循环泵为一级用电负荷,注水泵、提液井电动潜油泵及冷却塔、冷却循环泵等生产用电负荷为二级用电负荷。

换热发电站总用电负荷约为 3400kW(其中 6kV 用电负荷约 2950kW,低压用电负荷约 450kW),二级以上用电负荷约 3300kW,具体用电负荷情况见表 4-26。

表 4-26　换热发电站用电负荷情况统计表

用电设备组名称	单台容量(kW)	安装台数	运行台数	安装容量(kW)	运行容量(kW)	功率因数	需要系数	计算负荷		
								有功功率(kW)	无功功率(kvar)	视在功率(kV·A)
冷却塔	30	2	2	60	60	0.8	0.8	48.00	36.00	60.00
冷却循环泵	90	3	2	270	180	0.8	0.8	144.00	108.00	180.00
加药装置	3	2	1	6	3	0.8	0.8	2.40	1.80	3.00
加氯装置	3	1	1	3	3	0.8	0.8	2.40	1.80	3.00
污水回收泵	5.5	2	1	11	5.5	0.8	0.8	4.40	3.30	5.50
喂水泵	132	2	1	264	132	0.8	0.8	105.60	79.20	132.00
仪表	—	—	—	10	10	1	0.8	8.00	0.00	8.00
热水循环泵	90	3	2	270	180	0.8	0.8	144.00	108.00	180.00
除氧水泵	7.5	2	1	15	7.5	0.8	0.8	6.00	4.50	7.50
补水泵	7.5	2	1	15	7.5	0.8	0.8	6.00	4.50	7.50
阴极保护	—	—	—	5	5	1	0.8	4.00	0.00	4.00

用电设备组名称	单台容量（kW）	安装台数	运行台数	安装容量（kW）	运行容量（kW）	功率因数	需要系数	计算负荷		
								有功功率（kW）	无功功率（kvar）	视在功率（kV·A）
照明及其他	—	—	—	20	20	0.8	0.9	18.00	13.50	22.50
合计				949	613.5			492.80	360.60	610.64
$K\sum p = 0.9$ $K\sum q = 0.95$								443.52	342.57	560.41
无功补偿功率									-160.00	
补偿后合计						0.92		444	183	480
6/0.4kV 变压器损耗								6	28	
6/0.4kV 变压器高压侧						0.91		449	211	496
6kV 高压负荷										
注水泵	315	8	6	2520	1890	0.8	0.85	1606.50	1204.88	2008.13
提液井电动潜油泵	104	15	15	1560	1560	0.8	0.85	1326.00	994.50	1657.50
6kV 高压负荷总计								2932.50	2199.38	3665.63
总计								3382	2410	4153

二、供配电设计、供电要求

本项目供电依托现有河三变电站（第三采油厂留一联合站配套变电站,留一联西侧）。

目前河三变电站由两条 35kV 架空线路供电,站内设置两台主变压器分列运行,6kV 母线为单母线分段运行方式,故可满足本项目用电要求。

三、供电方案

1. 站外提液井供电

本项目拟利用原 15 口油井作为提液井,原 15 口油井均由河三变电站 3616#6kV 架空线供电,现有架空线（绝缘导线）干线 $70mm^2$,支线 $50mm^2$。

原 15 口油井抽油机功率为 37kW 及 45kW,15 口提液井正常运行功率约 1560kW,比目前油井运行增加用电负荷约 1000kW,现有 6kV 架空线干线规格不满足现有供电要求。

更换原 3616#6kV 架空线干线为 JKLYJ-120 绝缘架空线,更换架空线至 15 口提液井,更换电动潜油泵之间的电力电缆。

2. 站内注水泵供电

留一联注水泵房内新增 6kV-315kW 注水泵 8 台,电源引自河三变电站 6kV 配电室。

河三变电站改造,6kV 配电室新增 KYN28-12 配电柜 7 面,更换原有备用出线配电柜 4 面,更换原有进线配电柜 2 面、母联配电柜 1 面。主变更换为 SFZ11-6300/35 35±3X2.5%/6kV Y,d11 35kV 风冷有载调压式变压器。

换热发电站设置 6/0.4kV 低压变配电所一座,设置 500kV·A 变压器两台,GCS 低压开关柜 17 面,两台 6/0.4kV 变压器分列运行,为站内低压用电负荷供电,当一台变压器出现故障时,另一台变压器满足站内所有二级以上用电负荷的供电要求。

换热发电站设采出水余热发电机房一座,采出水余热发电机组按四台容量设计,发电机同时运行实现并车后经升压变压器将 6kV 电源引至河三变电站 6kV 母线,为 6kV 母线所带用电设备供电。

第六节　生产辅助系统工程设计

一、给水系统

1. 水量

换热发电站用水包括生活用水及生产用水等,水量及水压见表 4-27。

表 4-27　用水量统计表

给水类别	最大用水量(m³/d)	供水方式	定额标准
生活用水	5	间断	每人 150L/d
循环水补充量	632	连续	
浇洒场地、道路用水	1	间断	每次 2L/m²
绿化用水	1	间断	每次 2L/m²
未预见水量	64		
合计	703		

2. 水源、水压及供水方式

水源接自留一联生活区供水泵房,供水泵房现有供水泵 3 台,供水泵扬程 $h=80m$,流量 $q_v=80m^3/h$,接点处供水管径为 DN100,其水质符合 GB 5749—2006《生活饮用水卫生标准》,目前生活区用水量为 30m³/h,可以满足留北换热发电站内用水需求。

3. 给水设计

留北地热站建一条 DN80 供水管线,为循环冷却水装置、生活用水、绿化用水、浇洒场地、道路用水等用水点供水。

二、排水系统

1. 排水量及排水方式

排水主要是循环冷却水系统排污、生活污水排放等,还有少量的泵房地漏排水及污水缓冲罐溢流排污,各种类别的排水量见表 4-28。

表 4-28　换热发电站排水量统计表

序号	给水类别	最大排水量(m³/h)	排水方式	备注
1	生活污水	2	间断	自流
2	循环冷却水排污水	4	连续	自流
3	合计	6		

2. 排水水质

循环水单元污水水质见表4-29。

表4-29　循环水单元污水水质表

Ca^{2+}(mg/L)	悬浮物(mg/L)	pH值	游离氯(mg/L)	硅酸(mg/L)	甲基橙碱度(mg/L)
30~200	≤100	7.0~9.2	0.5~1.0	≤175	≤500

3. 排水设计

新建污水池一座,5m×4m×3m,地下式,钢筋混凝土结构,有盖板。循环冷却水系统排放的污水排至该污水池,经潜污泵提升后进留一联污水处理系统,生活污水进留路大队生活区污水系统。

三、注水系统

1. 注水参数

注水规模$1.2×10^4$ m³/d,注水井数7口,单井注水量1720m³/d,设计注水能力$1.3×10^4$ m³/d,注水井口压力5.5MPa,注水系统设计压力6.5MPa,油区来水温度66~79℃。

2. 注水水源

经过热能利用后,所产生的水在油区经过简易处理后至留一联污水罐,经注水泵增压后全部回灌。回灌液量为$1.2×10^4$ m³/d。

3. 注水设计

油区来水进污水罐,经喂水泵提升后送至注水泵增压回注。流程如下:

油区来水→污水罐→喂水泵→注水泵→配水阀组→注水井

回流

污水缓冲罐内设收油装置,污油进污油罐。

四、暖通系统

1. 室内设计参数

室内设计参数见表4-30。

表4-30　室内设计参数

序号	房间名称	冬季室内采暖计算温度(℃)	夏季室内空调计算温度(℃)
1	值班室	18	25~26
2	发电机房、加药间、换热间、配电室	5	—

2. 采暖系统设计

(1)换热发电站总采暖面积约为2980m²,采暖热负荷447kW。

(2)采暖热媒为90/65℃热水,供水压力为0.6MPa。

(3)采暖系统采用上供上回同程式系统。

（4）采暖散热器选择：各站单体建筑均选用内腔无砂型铸铁散热器，柱翼橄榄 745 型（工作压力 0.8MPa），挂墙安装。

（5）采暖管道：全部采用低压流体输送用无缝钢管，管道连接除中控室和配电室采暖管道采用焊接外，其他采用丝接。

（6）供暖阀门：选用 J41H－16C 型法兰截止阀。

（7）采暖管道系统的最高点和最低点，分别设置自动排气和手动泄水装置。

五、通风部分设计

1. 设计要求

各生产建筑的通风要求见表 4－31。

表 4－31　通风场所通风要求及通风换气量

通场所	通风类型			通风换气次数、通风量		
	全面通风	事故通风	消除余热	全室通风（次/h）	事故通风（次/h）	消除余热通风量（m³/h）
发电机房	√	√		8	12	
加药间	√		√	8		
换热器间	√		√	8	12	

2. 通风设计内容

发电机房、加药间、换热间采用轴流风机通风，甲型安装。

3. 空调部分设计

办公室、值班室、餐厅、宿舍采用冷暖热泵型分体空调。

六、建筑结构和总图运输

本工程中主要建（构）筑物为：变配电室、发电机房、水处理及换热间、注水泵房、循环水泵房、加药间及库房、冷却循环水池、污水池、设备基础，建筑物耐火等级为二级。

1. 建筑装修标准

屋面为保温防水屋面，屋面防水等级按Ⅲ级设计，排水均采用自由排水；外墙为水泥砂浆抹面，刷外墙涂料；内墙为普通抹灰刷白色涂料；地面为水泥砂浆地面；所有顶棚均抹灰喷白。所有窗采用塑钢窗，所有外门采用塑钢门，所有内门采用成品实木门。泵房内设 1.5m 高的油漆墙裙，设计使用年限 50 年。

2. 主要建（构）筑物结构型式

房屋为砖混结构，墙体采用混凝土多孔砖墙，内墙厚 240mm，外墙厚 370mm。基础采用 C20 混凝土基础，屋盖采用现浇钢筋混凝土板，设备基础采用 C20 混凝土现浇。

3. 抗震设防要求

本工程各场站所在地区为地震区，基本抗震设防烈度为 7 度（$0.15g$❶）。

4. 主要荷载

结构自重、规范规定的活荷载；地震作用，基本设防烈度为 7 度；风荷载，基本风压为

---

❶ g 为重力加速度。

$0.40kN/m^2$;设备荷载,由工艺提供其位置、质量。

5. 平面布置方案

华北油田第三采油厂留北采油工区潜山地热井采出水余热综合利用系统共设一个站场。占地面积为$9525m^2$。站场位于第十三综合服务处留路小区院内西北角,原有的职工教育培训基地内,主要占据了职工教育培训楼的以南的地块。站场北侧为循环水泵房及冷却塔,西侧为发电区和换热区,东南侧为油装置处理区。站场内设 1 个出口接小区的主干道路,改造教育培训楼的房间作为值班室。

6. 绿化

站场区域植被覆盖良好,可以选择胸径较小树木或草皮对本站进行绿化美化,创造自然和谐的生态环境,与当地形成融合的一体。绿化率为 15%。

7. 道路及场地

道路布置符合生产、维修、消防等通车的要求,有效地组织车流、物流、人流,方便生产运输,场容美观,并尽可能地减少工程量。道路与竖井(收集排污的地窖井)相结合,道路网的布局有利于库区地面雨水的排除,环状布置,同时符合防火、环保的规定。

(1)站外道路:换热发电站外道路主要利用小区的主干道,要对主干道进行一些改造和修复,其宽度为7m,采用混凝土路面,转弯半径为9m。道路纵坡为 0.2% ~0.5%。

(2)站内道路:站内主要是回转场地,坡度为 0.2% ~0.3%。

装置区采用混凝土方砖铺砌,满足人员巡检和设备修理的需要。

七、通信系统

1. 设计范围

(1)满足第三采油厂留北供热发电站站内语音通信、数据传输需要。

(2)第三采油厂留北供热发电站内通信电缆的敷设。

2. 技术方案

站外通信线缆可由其东南方向的已建通信站引出 1 条 50 对铠装市话电缆埋地敷设至站内。在站内埋设 10 对电缆至各用户房间。

八、消防设计

1. 采用的环保法律、法规、标准及规定

《中华人民共和国消防法》(1998 年 4 月 29 日第九届全国人民代表大会常务委员会第二次会议通过)、GB 50016—2014《建筑设计防火规范》、GB 50058—2014《爆炸危险环境电力装置设计规范》、GB 50057—2010《建筑物防雷设计规范》、GB 50140—2005《建筑灭火器配置设计规范》、GBJ 50116—2013《火灾自动报警系统设计规范》。

2. 防火与消防措施

根据 GB 50016—2014《建筑设计防火规范》及有关规程规范要求,耐火等级均为二级耐火等级设计。变压器间的门为甲级防火门,通风窗采用非燃烧材料。发电机房为框架结构,其他用房为砖混结构,墙体采用混凝土多孔砖墙,内墙厚 240mm,外墙厚 370mm。基础采用 C20 混凝土基础,楼屋盖采用现浇钢筋混凝土板。

设备基础、管墩基础采用 C20 混凝土现浇,均满足二级耐火等级要求。变压器室、配电室均为一级防火建筑,所处位置位于无火灾危险的地方,内部均设置灭火器。电气设备的外壳均采用非燃烧型材料,降低了火灾发生的可能性。灯具采用气体放电灯,工作时温度低,杜绝了由于灯具炙考而发生的火灾。

　　根据规范要求在室内配备灭火器。

九、组织机构和定员

　　本工程的管理和维护、维修工作依托留一联联合站。留一联扩建装置区定员 10 人。

第五章 留北潜山地热能综合利用实施情况及效果

为规避投资风险,项目分两期工程实施,一期工程实施后,根据评价效果,决定二期工程的投资规模,根据股份公司对留北潜山地热利用先导试验方案的要求,一期工程共确定10口提液井,提液后备井2口,单井产液量确定为600m³/d,10口排液井产液量为6000m³/d;确定3口回注井,后备回注井1口,单井回注量确定为2000m³/d,3口井回注量为6000m³/d。大排量提液后,10口井预计首年增油2.54×10⁴t,10年累计增油11.9×10⁴t,平均年增油1.19×10⁴t。

第一节 排采系统实施情况

第一批采液井、回灌井均优选留北油田因高含水而报废的潜山井,每口井关井前井筒技术状况不同,部分井需大修恢复。第一批地热井井筒技术状况见表5-1。

一、采液井

自2006年9月留24井实施提液试验后,截至2011年12月底,采液井先后完成了新留检1、留44、留24、留32、留33、新留51、留32-2、留52、留25等9口井的下泵投产,新建地热井计量阀组间2座,即留一计的2号阀组间、换热发电站1号阀组间,如图5-1和图5-2所示。

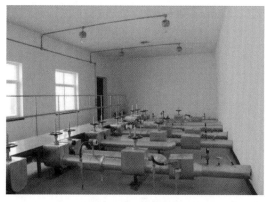

图5-1 1号阀组间　　　　　　　　　图5-2 2号阀组间

表5-1 留北潜山钻井基础数据表

序号	井号	完钻井深(m)	完井方法	油层套管尺寸(in×m)×深度	目前人工井底(m)	水泥返深(m)	进山深度(m)	潜山揭开厚度(m)	井下状况	建议措施
1	留24	3270.0	裸眼	7×3237.819	3270.0	1884.0	3236.0	34.0	无落物	加深钻井,酸压
2	新留检1	3470.0	裸眼	7×3236.07	3260.0	2354.4	3232.0	238.0	灰面下有8根3/4杆	打捞,酸压
3	留44	3308.0	裸眼	7×3257.548	3308.0	2243.6	3255.0	53.0	无落物	加深钻井,酸压
4	留32	3295.0	裸眼	7×3267.13	3295.0	2260.4	3265.0	30.0	鱼顶3271.62m,落物为GY721型压力计和其他不明落物	打捞,加深钻井酸压
5	留32-2	3246.0	裸眼	7×3228.898	3246.0	1930.8	3226.0	20.0	无落物	加深钻井,酸压
6	留33	3250.3	裸眼	7×3242.025	3250.3	未测	3239.0	11.3	无落物	加深钻井,酸压
7	留51	3293.0	裸眼	7×3241.97	3252.5	2160	3238.0	55.0	无落物	加深钻井,酸压
8	新留52	3282.0	裸眼	7×3219.65	3238.3	1865.4	3216.5	65.5	井下落物:φ88mm平式油管54根,常开套,673封隔器,常闭滑套,单流阀	打捞,加深钻井,酸压
9	留25	3297.0	裸眼	7×3281.92	3297.0	2710	3279.5	17.5	井下落物为打捞内钩1个	打捞,加深钻井,酸压
10	留35	3302.0	裸眼	7×3254.52	3279.9	2200	3252.5	49.5	无落物	加深钻井,酸压
11	留43	3370.1	裸眼	7×3343.49	3370.1	2366.2	3341.5	28.6	鱼顶φ19mm杆×3225m,落物杆管数不详	打捞,加深钻井,酸压
12	留检3	3500.0	裸眼	7×3288.03	3304.7	2074	3284.5	215.5	无落物	酸压
1	留20	3570.0	裸眼	7×3459.29	3570	3250	3457.5	112.5	套管腐蚀,无落物	大修,酸压
2	留27	3379.2	裸眼	7×3363.01	3379.21	未测	3361.0	18.2	无落物	加深钻井,酸压
3	留29	3355.0	裸眼	7×3341.93	3355.0	2649.0	3340.0	15.0	无落物	加深钻井,酸压
4	留10	3366.3	裸眼	7×3355.6	3366.3	2700	3352.0	14.3	落物:73mm油管一根,丝堵,筛管	打捞,加深钻井,酸压

提液井前后对比日产液由 1300.2t 上升到 4841t,日平均增油 42.8t,井口平均温度 112℃,累计增油 2.7550 × 10⁴t(表 5 - 2)。

表 5 - 2 留北潜山地热采液井实施效果统计表

| 井号 | 提液时间 | 泵排量 × 泵深 ($m^3 \times m$) | 提液前 | | | | 提液后 | | | | 日增油 (t) | 累计增油 ($10^4 t$) |
			日产液 (m^3)	日产油 (t)	含水 (%)	动液面 (m)	日产液 (m^3)	日产油 (t)	含水 (%)	动液面 (m)		
留 24	2006.9	600 × 592	61	1.5	97.5	0	723	17.5	97.6	0	16	1.3972
新留检 1	2008.9	800 × 707	0	0	—	—	950	12.2	98.7	0	12.2	0.5898
留 44	2008.11	600 × 600	101.1	2.3	97.7	0	793	22.3	97.2	0	20	0.7680
留 32	2010.12	600 × 600	524	8.3	98.4	0	479	6.4	98.7	0	-1.9	0
留 33	2010.12	600 × 500	291.1	4	98.6	0	99.1	0.6	99.4	277	-3.4	0
新留 52	2011.1	600 × 501	323	4.8	98.5	0	799	4.7	99.4	0	-0.1	0
留 51	2011.4.18	600 × 509	0	0	—	—	496	3.7	99.3	0	3.7	0.0238
留 32 - 2	2011.4.9	600 × 617	51.3	0.8	98.4	—	0	0	—	—	0	0
留 25	2011.12	600 × 600	0	0	—	—	502	0	100.0	0	0	0
合计 9 口井			1351.5	21.7			4841.1	67.4			46.5	2.7788

二、回灌井

留 20 井:2011 年 1 月大修恢复,大修后进行了试注,油压 5MPa,注不进。

留 27 井:2007 年 12 月大修恢复,正注,日注水 100m³,2008 年 7 月油套合注,泵压 5.97MPa,油压 5.73MPa,日注水 3415m³。目前泵压 1.5MPa,油压 1.0MPa,日注水 2830m³。

留 29 井:2009 年 10 月大修酸化注水,泵压 3.7MPa,油压 2.7MPa,日注水 256m³。2011 年 4 月实施酸压,共泵入处理液 110m³,施工最高压力 57.8MPa,措施后油压 5MPa,日注 1067m³。

留 10 井:2010 年 2 月大修酸化转注,油套合注,泵压 5.0MPa,油压 4.0MPa,日注水 500m³。2010 年 11 月加深后酸化,目前泵压 1.5MPa,油压 1.0MPa,日注水 1559m³。

第二节 换热发电站建设

换热发电站的站内平面布置在遵循设计规范的前提下,尽量保证工艺流程布局通畅、系统设备摆放合理,减少发电换热站占地面积和站内管线重复、交叉铺设。经过现场勘察与论证,利用留路矿区闲置的区域作为地热发电站建设区域,地热发电换热站平面布置如图 5 - 3 所示。

目前,站内建设已全部完成。

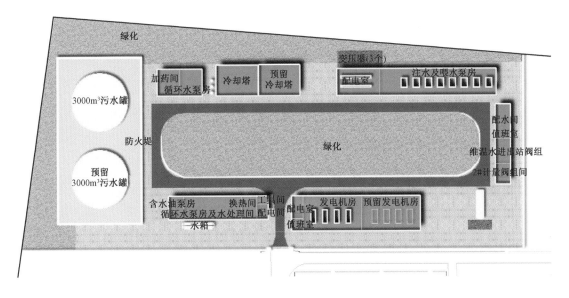

图 5 - 3　地热发电换热站平面布置图

第三节　地热维温系统

留北换热发电站维温水热回水集输阀组间 1 个(图 5 - 4),该阀组共设 3 头,每一组维温水管线安装流量计、温度计,按温度对水量严格计量:一是地热发电站维温水管线到留一联;二是地热发电站维温水管线到路三站,路三站新建热回水阀组 1 个,该阀组共设 2 头,第 1 路去路三站内热水系统,第 2 路去路 27 站;三是地热发电站维温水管线到路 15 站(图 5 - 5)。

图 5 - 4　维温阀组

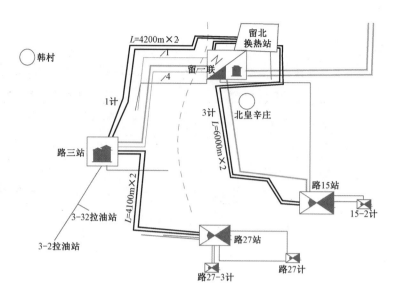

图 5-5　维温管线示意图

2010 年 8 月 15 日投运地热发电站—留一联维温线 φ159mm × 5mm—0.37km,2010 年 8 月 18 日投运地热发电站—路 3 站维温线 φ219mm × 6mm—4.41km,2011 年 4 月 29 日投运路 3 站—路 27 站维温线 φ159mm × 5mm—3.86km,2011 年 7 月 15 日投运地热发电站—路 15 站维温线 φ159mm × 5mm—6.12km。

投产后采出液进地热发电站的温度为 111℃,地热发电站维温水出站温度 80℃,留一联、路 3 站、路 27 站和路 15 站维温水回水温度分别是 74℃,70℃,72℃和 69℃。夏季四座维温站点停运加热炉、热水泵,冬季由于发电影响以及单井维温热负荷增加,各维温站点去水温度 75℃,回水温度分别是 62℃,60℃,60℃和 55℃,路 27 站、路 15 站由于维温热水温度无法满足生产需要,需通过加热炉补充部分热量。

截至 2011 年 12 月,4 座维温站点累计节约燃油 2980t。

第四节　地热发电系统

完成了地热发电站的建设,安装 SEPG500 - 400 - 1500 - 1.65 - SS 螺杆动力发电机 1 台及配套工艺,装机功率 400kW,发电功率 320kW(图 5 - 6)。2011 年 4 月 15 日,留北地热发电站投产运行,初始运行阶段地热水进口温度 110℃,流量 120m³,工质膨胀后进螺杆膨胀机的压力为 0.38MPa,循环冷却水(图 5 - 7)的进口温度 21.1℃,出口温度 35.8℃。发电机转速 1500r/min,每小时发电量 212kW·h,实现了发电上网。截至 12 月底,留北潜山地热发电机组累计发电 30.3475 × 10⁴kW·h。

图5-6　发电机组

图5-7　循环水冷却系统

第五节　地热水回注系统

地热水回注流程：3000m³ 沉降罐出口（ϕ325mm）—喂水泵（ϕ325mm）—注水泵（图5-8）—地热水计量配水间（图5-9）—注水井。

图5-8　注水泵

图5-9　配水间

第六节　油管修复车间地热水清洗油管

从留北地热站气液分离器出口引来地热水（水温116℃），依靠其自身管线压力（0.2MPa）输送到油管检测站热煮箱内，当箱内水位上升至接近传输滚轮的高度后，热水携带原油从3个溢流管溢流至隔油沉降池内。通过管道排污泵将隔油沉降池里的污水和原油混合输送回留北地热站沉降罐。

在热煮箱体一侧安装大排量冲水泵（180m³/h）一台，泵出口增加为3个。第一个连接箱内油管内壁冲洗喷嘴，每根油管内冲洗2min。第二个连接外冲洗喷嘴，外冲洗采用通过式，覆盖面积100%，清理残留的融化原油，同时对油管螺纹具有冲洗作用。第三个泵出口连接箱体底部进水口,用其冲刷箱底,并使箱内热水循环流动,从而达到水温平衡,加大换热效果的目的。同时搅拌起箱底沉积的泥沙,使之随水流溢流至沉降池,减少热煮箱内的淤积。

这套装置采用中心轮盘驱动、连续进料、同步出料、全封闭运动方式,油管受热均匀,运行平稳,受热时间可控,箱体保温良好,热能损失小。设计计算最大地热水循环量25m³/h,实际运行只需13~15m³/h流量即可保持箱内温度在90℃以上。地热水清洗油管厂房及清洗油管现场分别如图5-10和图5-11所示。

图5-10 地热水清洗油管厂房

图5-11 地热水清洗油管现场

地热水清洗油管工艺应用两年来,充分显示出高效、节能、环保的优势:首先,清洗速度快、效果好。一般油管能够达到60根/h以上的速度。单班最高处理量达到300根以上。其次,运行成本和维护成本低。其热源来自高温地热水,不需要额外消耗能源。清洗工序的装机容量只有高压冷清洗的20%,耗电量大大减少。自动化程度高,维修保养工作量少,减少了员工日常劳动强度。设备高度集成、紧凑,占地面积小、环境又好,清洗油管的污油全部随地热水回收,实现了零排放。

2011年全年清洗油管60274根,超出2010年近一倍。其中经检测后发放修复油管56278根,相比较2010年多出25695根。累计节约用电48.25×10⁴kW·h。

第七节 效益分析与前景展望

一、效益分析

华北油田开展的潜山地热资源研究与综合开发利用项目,研究建立了中低温地热资源综合开发利用的技术流程以及地热开发利用的整体开发方案,解决了油井耐高温大排量提液、含油中低温地热污水发电、余热维温等关键技术难题。利用潜山油田提液井进行提液发电、站点维温的同时,初步实现了油田地热开发"热、电、油"联产和工业化应用。经过2006—2011年的推广应用,潜山油井大排量提液累计增油2.755×10⁴t;地热维温伴热替代加热炉系统,累计节约燃油2980t;发电机组累计运行2809h,发电30.3475×10⁴kW·h;利用地热水清洗油管,累计节约电量48.25×10⁴kW·h,累计创造经济效益6680.4万元。

发展地热资源是实施节能减排,实现低碳发展的一项战略举措,项目取得初步成功,实现了提液增油、地热发电、余热维温的阶段性目标,停运加热炉后,减少二氧化碳排放 10.03×10^4 t。同时在国内首次成功实现了深部潜山中低温地热发电,通过试验为潜山地热后期综合开发积累了试验数据,为华北油田连续高效利用地热能提供了成功的应用经验。

二、前景展望

虽然留北潜山地热综合利用及提高采收率先导试验项目取得一定的阶段性成果,但由于运行时间短、技术新,特别是利用深部潜山中低温地热发电属国内首创,许多地方还需要完善改进。如单井提液增油的不确定性,随着潜山井的大排量提液以及开采时间的延长,含水上升快,增油效果变差,增油达不到预期效益,且部分提液井含水已达100%,无增油效益。地热井采取"轮开轮注",利于潜山油藏地热水中的原油在液面上部聚集,轮采时带出地层。地热发电效益存在不确定性,从运行来看,螺杆膨胀发电机组的发电效率受环境温度影响较大,夏季发电效益为负,且发电机组配套控制系统仍存在一些信号飘移等小故障,地热水先换热再发电的模式虽然能避免发电机蒸发器腐蚀,但发电效率大幅下降,发电效益存在很大的不确定性。一方面调研更先进的地热发电技术,另一方面投入资金进行技术完善,去掉发电机前端的板式换热器,提高发电效率。

因此,下一步建议密切跟踪留北潜山大幅提液后液油含水变化,积极探索特高含水、特大液量、特高温度条件下的单井计量技术;加强"轮采轮注"动态分析,努力稳定提高单井油量,探索特高含水、高采出程度、濒临报废的潜山油藏进一步提高采收率、发挥综合效益的技术途径;与高等院校、科研院所合作,提供现场研究及试验场所,积累深部潜山地热综合开发利用的经验。

单 位 换 算

1in = 25.4mm

1ft = 0.3048m

1mile = 1609.344m

1gal(美) = 3.785412dm^3

1gal(英) = 4.546092dm^3

1cal = 4.1868J

参 考 文 献

[1] 申建梅,张古彬. 地热开发利用过程中的环境效应及环境保护[J]. 地球学报:中国地质科学院院报, 1998(4):402-408.

[2] 廖忠礼,张予杰,陈文彬,等. 地热资源的特点与可持续开发利用[J]. 中国矿业,2006(10):8-11.

[3] 张季生. 世界直接利用地热资源的现状[J]. 物探与化探. 2001(2):90-94,101.

[4] 刘延忠. 中国地热资源开发与利用的思考[J]. 中国矿业,2001(5):5-9.

[5] 李建宏,凌成健. 浅谈地热资源的综合开发利用[J]. 油田节能,2001(3):55-58.

[6] Lund John W. 2000年美国的地热直接利用[J]. 俞进桥译,陈能范校. 地热能,2002(5):13-18.

[7] 田廷山,刘延忠. 中国地热资源勘查开发利用和管理[J]. 中国地质,1999(11):21-23.

[8] 张尔匡. 河北省地热地质条件的基本特征与地热资源开发利用问题[J]. 化工矿产地质,2000(1): 23-26.

[9] 张珂,贾佩,时光伟. 地热尾水在供热系统中的综合利用[J]. 煤气与热力,2010(8):A14-A16.

[10] 张启,梁炎. 我国地热利用的现状与展望[J]. 江苏科技信息,2002(4).